공기업 기계직 전공필기

기계공학 필수문제 [기계설계]

기계의 진리

공기업 기계직 전공필기 연구소 **장태용** 지음

BM (주)도서출판 **성안당**

■ 도서 A/S 안내

성안당에서 발행하는 모든 도서는 저자와 출판사, 그리고 독자가 함께 만들어 나갑니다.

좋은 책을 펴내기 위해 많은 노력을 기울이고 있습니다. 혹시라도 내용상의 오류나 오탈자 등이 발견되면 "좋은 책은 나라의 보배"로서 우리 모두가 함께 만들어 간다는 마음으로 연락주시기 바랍니다. 수정 보완하여 더 나은 책이 되도록 최선을 다하겠습니다.

성안당은 늘 독자 여러분들의 소중한 의견을 기다리고 있습니다. 좋은 의견을 보내주시는 분께는 성안당 쇼핑몰의 포인트(3,000포인트)를 적립해 드립니다.

잘못 만들어진 책이나 부록 등이 파손된 경우에는 교환해 드립니다.

저자 e-mail : jv5140py@naver.com

본서 기획자 e-mail : coh@cyber.co.kr (최옥현)

홈페이지 : http://www.cyber.co.kr   전화 : 031) 950-6300

현재 시중에는 공기업 기계직과 관련된 전공기출문제집이 많지 않습니다. 이에 따라 시험을 준비하고 있는 사람들은 기사문제나 여러 공무원 기출문제 등을 통해 공부하고 있어서 공기업 기계직 시험에서 자주 출제되는 중요한 포인트를 놓칠 수 있습니다. 이에 필자는 공기업 기계직 시험을 직접 응시하여 최신 경향을 파악하고 있고, 이를 바탕으로 문제집을 만들고 있습니다.

최근 공기업 기계직 전공시험 문제는 개념을 정확하게 알고 있는가, 정의를 정확하게 이해하고 있는가에 중점을 두고 출제되고 있습니다. 따라서 기계의 진리 02 [기계설계] 문제집은 기계설계 과목에서 자주 출제되는 중요한 개념들을 엄선하여 구성하였습니다. 기계의 진리 02 [기계설계] 문제집을 완벽하게 숙지한다면 공기업 시험에서 출제되는 기계설계 이론 문제는 쉽게 풀 수 있으리라 확신합니다.

[이 책의 특징]

●최신 경향 기출문제 및 중요 빈출문제 수록

저자가 직접 시험에 응시하여 문제를 풀어보고 이를 바탕으로 기계설계 과목에서 자주 출제되는 개념과 문제를 수록했습니다. 또한, 중요한 문제는 응용할 수 있게끔 문제를 변형하여 출제했습니다.

●꼭 암기해야 할 문제 [1. 나사 ~ 18. 밸브], 실전 모의고사 2회 수록, 필수이론 및 질의응답, 3역학 공식 모음집 수록

기출문제 및 중요 빈출문제뿐만 아니라, 모의고사 2회와 필수이론 및 질의응답, 3역학 공식 모음집을 수록하여 개념을 완벽하게 숙지하고 이해할 수 있도록 구성했습니다.

●변별력 있는 문제 수록

중앙공기업보다 지방공기업의 전공시험이 난이도가 더 높습니다. 따라서 중앙공기업 전공시험의 변별력 문제뿐만 아니라 지방공기업의 전공시험에 대비할 수 있도록 실제 출제된 변별력 있는 문제를 다수 수록했습니다.

취업을 준비하는 여러분 모두 공기업 기출문제집 ≪기계의 진리≫를 통해 기계직 전공시험에서 고득점을 얻어 원하는 목표를 꼭 성취할 수 있기를 응원합니다.

– 저자 장태용

중앙공기업 vs. 지방공기업

저자는 과거 중앙공기업에 입사하여 근무했지만 개인적으로 가치관 및 우선순위가 맞지 않아 퇴사하고 다시 지방공기업에 입사했습니다. 중앙공기업과 지방공기업을 직접 경험해 보았기 때문에 각각의 장단점을 명확하게 파악하고 있습니다.

중앙공기업과 지방공기업의 장단점은 다음과 같이 명확합니다.

중앙공기업(메이저 공기업 기준)	지방공기업(서울시 및 광역시 산하)
[장점] • 대기업에 버금가는 고연봉 • 높은 연봉 상승률 • 사기업 대비 낮은 업무 강도 　(다만 부서마다 업무 강도가 다름) • 지방 근무는 대부분 사택 제공	**[장점]** • 연고지 근무에 따른 만족감 상승 • 평균적으로 낮은 업무 강도 및 워라벨 　(다만 부서 및 업무에 따라 다름) • 지방 근무는 대부분 사택 제공
[단점] • 순환 근무 및 비연고지 근무	**[단점]** • 중앙공기업에 비해 낮은 연봉 • 중앙공기업에 비해 낮은 연봉 상승률

어떤 회사든 자신이 원하는 가치관을 모두 보장할 수는 없지만, 우선순위를 3~5개 정도 파악해서 가장 근접한 회사를 찾아 그에 맞는 목표를 설정하는 것이 매우 중요합니다.

66

가치관과 **우선순위**에 맞는 **목표** 설정!!

99

효율적인 공부방법

1. 일반기계기사 과년도 기출문제를 먼저 풀고, 보기와 문제를
   모두 암기하여 어떤 형식으로 문제가 출제되는지 파악하기
2. 과년도 기출문제와 관련된 이론을 모두 암기하기
3. 일반기계기사의 모든 이론을 꼼꼼히 암기하기
4. 위 과정을 적어도 2~3회 반복하여 정독하기

1. 과년도 기출문제만 풀고 암기하는 분들이 간혹 있습니다. 하지만 이러한 방법은 기사 자격증 시험 합격에는 무리가 없지만, 공기업 전공시험을 통과하는 데에는 그리 큰 도움이 되지 않습니다.

2. 여러 책을 참고하고, 공기업 기출문제로 어떤 것이 출제되었는지 확인하여 부족한 부분과 새로운 개념을 익힙니다.

3. 각종 공무원 7, 9급 기계공작법, 기계설계, 기계일반 기출문제를 풀어보고 모두 암기합니다.

4. 문제 풀이방과 저자가 운영하는 블로그를 적극 활용하며 백지 암기방법을 사용합니다. 또한, 요즘은 역학의 기본 정의에 관한 문제가 많이 출제되니 역학에 대해 확실히 대비해야 합니다.

5. 암기 과목에서 50%는 이해, 50%는 암기해야 하는 내용들로 구성되어 있다고 생각합니다. 예를 들어 주철의 특징, 순철의 특징, 탄소 함유량이 증가하면 발생하는 현상, 마찰차 특징, 냉매의 구비조건 등 무수히 많은 개념들은 이해를 통해 자연스럽게 암기할 수 있습니다.

6. 전공은 한 번 공부할 때 원리와 내용을 제대로 공부하세요. 세 가지 이점이 있습니다.
   - 면접 때 전공과 관련된 질문이 나오면 남들보다 훨씬 더 명확한 답변을 할 수 있습니다.
   - 향후 취업을 하더라도 자격증 취득과 관련된 자기 개발을 할 때 큰 도움이 됩니다.
   - 인생은 누구도 예측할 수 없습니다. 취업을 했더라도 가치관이 맞지 않거나 자신의 생각과 달라 이직할 수도 있습니다. 처음부터 제대로 준비했다면 그러한 상황에 처했을 때 이직하기가 수월할 것입니다.

1 시험에 대한 자세와 습관

쉽지만 틀리는 경우가 다반사입니다. 실제로 저자도 코킹과 플러링 문제를 틀린 적이 있습니다. 기밀만 보고 바로 코킹으로 답을 선택했다가 틀렸습니다. 따라서 쉽더라도 문제를 천천히 꼼꼼하게 읽는 습관을 길러야 합니다.

그리고 단위는 항상 신경써서 문제를 풀어야 합니다. 문제가 요구하는 답이 mm인지 m인지, 주어진 값이 지름인지 반지름인지 문제를 항상 꼼꼼하게 읽어야 합니다.

이러한 습관만 잘 기르면 실전에서 전공점수를 올릴 수 있습니다.

2 암기 과목 문제부터 풀고 계산 문제로 넘어가기

보통 시험은 대부분 암기 과목 문제와 계산 문제가 순서에 상관없이 혼합되어 출제됩니다. 그래서 보통 암기 과목 문제를 풀고 그 다음 계산 문제를 풉니다. 실전에서 실제로 이렇게 문제를 풀면 " 아~ 또 뒤에 계산 문제가 있네" 하는 조급한 마음이 생겨 쉬운 암기 과목 문제도 틀릴 수 있습니다.

따라서 암기 과목 문제를 풀면서 계산 문제는 별도로 ○ 표시를 해 둡니다. 그리고 암기과목 문제를 모두 푼 다음, 그때부터 계산 문제를 풀면 됩니다. 이 방법으로 문제 풀이를 하면 계산 문제를 푸는 데 속도가 붙을 것이고, 정답률도 높아질 것입니다.

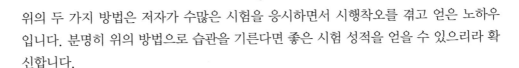

위의 두 가지 방법은 저자가 수많은 시험을 응시하면서 시행착오를 겪고 얻은 노하우입니다. 분명히 위의 방법으로 습관을 기른다면 좋은 시험 성적을 얻을 수 있으리라 확신합니다.

시험의 난이도가 어렵든 쉽든 항상 90점 이상을 확보할 수 있도록 대비하면 필기시험을 통과하는 데 큰 힘이 될 것입니다. 꼭 열심히 공부해서 90점 이상 확보하여 좋은 결과 얻기를 응원하겠습니다.

차 례

- 들어가며
- 목표설정
- 공부방법
- 점수 올리기

Truth of Machine

꼭 암기해야 할 문제

01 나사

001 세계적인 표준나사이며, ABC 나사로 불리는 나사는 무엇인가?

① 유니파이 나사 ② 볼 나사
③ 미터 나사 ④ 톱니 나사

· 정답 풀이 ·

유니파이 나사는 세계적인 표준나사이며, 미국, 영국, 캐나다가 협정하여 만든 나사이다.
• 유니파이 보통 나사(UNC): 죔용에 사용된다.
• 유니파이 가는 나사(UNF): 진동 부분이나 정밀기계에 사용된다.
예 3/8−20UNC−2A
3/8인치의 지름을 가진 나사이며, 1인치 내 나사산 수는 20개이며, 등급은 2A이다.

002 교번 하중을 받을 때, 가장 적합한 나사는 무엇인가?

① 재형 나사(애크미 나사=사다리꼴 나사)
② 사각 나사
③ 톱니 나사
④ 볼 나사

· 정답 풀이 ·

교번 하중을 받을 때 사용하는 것은 사각 나사이다.
참고 사각 나사는 축 방향의 하중을 받는 운동용 나사이며, 추력 전달이 가능하다.

003 가스 파이프 연결에 사용하는 나사는 무엇인가?

① 삼각 나사 ② 사다리꼴 나사
③ 톱니 나사 ④ 볼 나사

· 정답 풀이 ·

삼각 나사는 체결용 나사이며, 가스 파이프에 연결하는 데 사용된다.

정답 001 ① 002 ② 003 ①

004 파이프에 가공하는 나사로, 누설 방지 및 기밀을 위한 나사는?

① 톱니 나사
② 둥근 나사
③ 너클 나사
④ 관용 나사

> **• 정답 풀이 •**
>
> 관용 나사는 파이프에 가공한 나사로, 누설 및 기밀 유지에 사용한다.(호칭치수 Inch)
> • **관용 평행 나사(PF)**: 기계적 결합에 사용한다.
> • **관용 테이퍼 나사(PT)**: 기밀성, 수밀성이 큰 목적이며, 테이퍼는 1/16이다.

005 재형 나사에 대한 특징으로 옳지 <u>못한</u> 것은 무엇인가?

① 사각 나사보다 강도가 높다.
② 사각 나사보다 강력한 동력 전달이 가능하다.
③ 한 방향으로 추력을 받아 정확한 운동을 전달할 수 있다.
④ 사각 나사가 효율이 좋으나 가공이 어려워서 대신 사용하는 것이 재형 나사이다.

> **• 정답 풀이 •**
>
> 재형 나사(사다리꼴 나사=애크미 나사)는 양방향으로 추력을 받는다. 또한, 사각 나사는 효율 측면에서 더욱 유리하고 이상적이나, 가공하기 어렵기 때문에 대신 사다리꼴 나사를 많이 사용한다. 그리고 사다리꼴 나사의 용도는 공작기계의 이송나사, 밸브 개폐용, 프레스, 잭 등에 사용한다는 것을 꼭 암기한다.

006 톱니 나사에 대한 설명으로 옳지 <u>못한</u> 것은 무엇인가?

① 압력의 방향이 일정한 곳에 사용된다.
② 나사산의 각도는 30, 60도이며, 각각의 경사각은 3, 5도이다.
③ 하중을 받지 않는 면에서 0.2 [mm] 틈새를 준다.
④ 바이스, 잭 등에 사용된다.

> **• 정답 풀이 •**
>
> 톱니 나사의 나사산 각도는 30, 45도이며, 각각의 경사각은 3, 5도이다.

정답 004 ④   005 ③   006 ②

007 볼 나사의 특징으로 옳지 <u>못한</u> 것은 무엇인가?

① 정밀도가 높고 윤활은 소량으로도 충분하다.
② 축 방향의 백래시를 작게 할 수 있다.
③ 마찰이 작아 정확하고 미세한 이송이 가능하다.
④ 가격이 비싼 단점이 있으나, 자동 체결이 가능하다.

• 정답 풀이 •

볼나사는 자동 체결이 곤란하다

[볼 나사의 특징]
• 미끄럼 나사보다 전달 효율이 크고, 공작기계의 이송나사, NC기계의 수치제어장치에 사용한다.
• 먼지에 의한 마모가 적으며, 토크의 변동이 적고, 고속에서는 소음이 발생한다.
• 너트의 크기가 커지고, 피치를 작게 하는 데 한계가 있다.

008 먼지나 이물질 등이 들어가기 쉬운 제품에 사용하는 나사는?

① 둥근 나사
② 볼 나사
③ 태핑 나사
④ 미터 나사

• 정답 풀이 •

둥근 나사=너클 나사. 먼지나 이물질이 많은 전구나 호스 연결부에 사용한다.

009 체결용 나사로 옳은 것은 무엇인가?

① 삼각 나사
② 사다리꼴 나사
③ 톱니 나사
④ 볼 나사

• 정답 풀이 •

• **체결용 나사**: 삼각 나사, 유니파이 나사, 미터 나사 등
• **운동용 나사**: 톱니 나사, 볼 나사, 사각 나사, 사다리꼴 나사, 둥근 나사 등
참고 운동용 나사는 동력 전달용으로, 체결용 나사보다 효율이 좋다.

정답 007 ④   008 ①   009 ①

010 침탄 담금질로 경화시킨 작은 나사로, 나사의 끝부분에 테이퍼를 주고 암나사 쪽은 나사구멍만 뚫고 스스로 나사를 내면서 죄는 나사는?

① 톱니 나사
② 볼 나사
③ 태핑 나사
④ 유니파이 가는 나사

· 정답 풀이 ·

끝부분을 침탄한 나사는 태핑 나사이다.

011 박판 고정이나 전기기구에 사용하는 나사는 무엇인가?

① 유니파이 나사
② 태핑 나사
③ 톱니 나사
④ 삼각 나사

· 정답 풀이 ·

태핑 나사는 박판 고정이나, 주로 전기 기구에 많이 사용한다.
참고 나사각이 커지면 풀림 경향이 커진다.

012 나사에 대한 설명으로 옳지 <u>못한</u> 것은?

① 여러줄나사는 리드가 커서 죔용으로 널리 사용된다.
② 나사는 감긴 방향에 따라 오른나사와 왼나사로 구분된다.
③ 피치는 나사산 사이의 거리 또는 골 사이의 거리를 말한다.
④ 리드는 나사를 1회전시켰을 때 축에 직각 방향으로 이동한 거리를 말한다.

· 정답 풀이 ·

리드는 나사를 1회전시켰을 때 축 방향으로 이동한 거리를 말한다.
$l = np$ [단, l: 리드, n: 나사의 줄 수, p: 피치]

정답 010 ③　　011 ②　　012 ④

013 작은 나사의 호칭지름 범위는?

① 2~6 [mm]
② 1~5 [mm]
③ 1~9 [mm]
④ 1~15 [mm]

• 정답 풀이 •

작은 나사는 볼트의 바깥지름이 1~9 [mm]인 나사이다.

014 키의 대용으로 사용하는 나사는 무엇인가?

① 유니파이 나사
② 미터 가는 나사
③ 리머 나사
④ 멈춤 나사

• 정답 풀이 •

나사를 밀어서 꽂는 방식으로 두 물체 사이의 미끄럼 방지를 위해 사용하며, 키의 대용으로 사용되는 나사이다.
즉, 회전체의 보스 부분을 축에 고정하는 데 사용한다.

015 암 나사의 호칭지름은 무엇인가?

① 수 나사의 바깥지름
② 수 나사의 유효지름
③ 수 나사의 골지름
④ 수 나사의 평균지름

• 정답 풀이 •

수 나사의 바깥지름, 즉 호칭지름이 암 나사의 호칭지름이다.

정답 013 ③   014 ④   015 ①

016 마이크로미터에 사용하는 나사는 무엇이며, 그 나사의 리드는 몇 [mm]인가?

① 사각 나사, 5 [mm]
② 삼각 나사, 0.5 [mm]
③ 사각 나사, 0.5 [mm]
④ 삼각 나사, 5 [mm]

· 정답 풀이 ·

마이크로미터에 사용하는 나사는 '삼각 나사'이며, 그 리드는 0.5 [mm]이다.

017 공작기계의 이완 방지용으로 사용되는 나사는 무엇인가?

① 유니파이 가는 나사
② 미터 가는 나사
③ 미터 보통 나사
④ 유니파이 보통 나사

· 정답 풀이 ·

미터 가는 나사는 공작기계의 이완 방지용으로 사용된다.
참고 가는 나사는 보통 나사보다 인장 강도가 우수하며, 골지름이 크다. 반면에 리드각 및 피치는 작다.

018 나사에 대한 설명으로 옳지 <u>못한</u> 것은 무엇인가?

① 두줄나사는 2 [N] 또는 2줄로 표시하며, 왼나사와 한줄나사는 일반적으로 생략할 수 있다.
② 삼각 나사는 체결용 나사이며, 가스 파이프 연결에 사용한다.
③ 사각 나사는 힘을 전달하거나 물체를 움직이게 하는 운동용 나사이다.
④ 작은 나사를 그릴 때 머리 홈은 중심선에 대해 45도 방향의 굵은 실선으로 그린다.

· 정답 풀이 ·

일반적으로 오른나사와 한줄나사는 생략할 수 있다.

019 다음 중 나사산의 각도가 60도인 나사는 무엇인가?

① 유니파이 나사
② 둥근 나사
③ 톱니 나사
④ 사다리꼴 나사

> **• 정답 풀이 •**
>
> [나사산 각도]
>
> | 톱니 나사 | 유니파이 나사 | 둥근 나사 | 사다리꼴 나사 | 미터 나사 | 관용나사 | 휘트워드 나사 |
> |---|---|---|---|---|---|---|
> | 30, 45도 | 60도 | 30도 | 미터계 Tr 30도
인치계 Tw 29도 | 60도 | 55도 | 55도 |
>
> 참고   과거 미터계는 TM 나사로 호칭했지만 이는 폐지되었으며, 현재는 Tr 나사로 호칭하고 있다.

020 여러 나사에 대한 설명으로 옳지 못한 것은 무엇인가?

① 미터 보통 나사는 M10으로 표현한다.
② 미터 가는 나사는 M10×2로 표현한다.
③ 볼 나사는 자동 체결하기 어렵지만, 피치를 작게 할 수 있다.
④ 톱니 나사는 프레스, 바이스의 이송, 잭 등에 사용된다.

> **• 정답 풀이 •**
>
> 볼 나사는 피치를 작게 하는 데 한계가 있다.

021 나사에 대한 설명으로 옳지 못한 것은 무엇인가?

① 미터 보통 나사는 호칭지름에 대한 피치를 한 종류만 정한다.
② 미터 가는 나사는 나사의 지름에 비해 피치가 작아 강도를 필요로 하는 수밀 또는 기밀 부분에 일반적으로 사용한다.
③ 자결 작용이 되지 않는 나사는 자결 작용이 되는 나사보다 효율이 작다.
④ 나사의 리드는 나사를 한 바퀴 회전시켰을 때 축 방향으로 이동하는 거리이다.

> **• 정답 풀이 •**
>
> 자결 작용이 되지 않는 나사의 효율＞자결 작용이 되는 나사의 효율

정답 019 ①   020 ③   021 ③

022 나사의 자립 한계가 있는 효율식으로 옳은 것은?

① tan(마찰각)/tan(2×마찰각)
② tan(2×마찰각/tan(마찰각)
③ sin(마찰각)/cos(마찰각)
④ sin(마찰각)/cos(2×마찰각)

·정답 풀이·

나사의 자립 한계가 있는 효율식: tan(마찰각)/tan(2×마찰각)

023 마찰각이 20도라면, 나사의 효율이 최대가 되는 리드각은 몇 도인가?

① 15도
② 25도
③ 35도
④ 45도

·정답 풀이·

• 나사의 효율이 최대가 되는 리드각 $\lambda = 45° - \dfrac{\rho}{2}$ [단, ρ＝마찰각]

➡ $\lambda = 45° - \dfrac{20°}{2} = 35°$

024 나사의 최대 효율 공식으로 옳은 것은 무엇인가? [단, ρ＝마찰각]

① $\tan^2(45 - \dfrac{\rho}{2})$
② $\tan^3(45 - \dfrac{\rho}{2})$
③ $\tan^2(45 - \rho)$
④ $\tan^3(45 - \rho)$

·정답 풀이·

나사의 최대 효율 공식: $\tan^2(45 - \dfrac{\rho}{2})$

정답 022 ①   023 ③   024 ①

02 볼트

025 탭 볼트에 대한 설명으로 옳지 <u>못한</u> 것은 무엇인가?

① 결합하려는 상대편에 탭으로 암나사를 내어 체결하는 볼트이다.
② 관통 볼트를 사용하기 어려울 때 사용한다.
③ 탭으로 암나사를 낸 후 너트로 체결한다.
④ 구멍이 너무 길어 관통 볼트의 머리가 숨겨져 조이기 곤란할 때 사용한다.

• 정답 풀이 •

탭 볼트는 직접 암나사를 내어 너트 없이 죄어 체결하는 볼트이다.

026 볼트 머리가 없고 한쪽을 미리 박고 <u>다른</u> 한쪽에 너트를 끼우는 볼트는?

① 아이 볼트
② 스터드 볼트
③ 리머 볼트
④ 스테이 볼트

• 정답 풀이 •

스터드 볼트는 볼트의 머리가 없으며, 한쪽을 미리 박고 다른 한쪽에 너트를 끼워 체결하는 볼트로 자주 탈부착하는 곳에 사용한다.

027 육각 볼트에 대한 설명으로 옳지 <u>못한</u> 것은 무엇인가?

① 볼트의 머리 모양이 육각 모양이다.
② 가장 보편적으로 많이 사용되는 볼트이다.
③ 강력한 쪼임력을 발생시킬 수 있다.
④ 볼트 머리의 접촉면이 좁다.

• 정답 풀이 •

육각 볼트는 볼트 머리의 접촉면이 넓어 마찰이 크게 발생하므로 강력한 쪼임력을 발생시킬 수 있다.

정답 025 ③　　　026 ②　　　027 ④

028 자주 탈착하는 뚜껑이나 중량물을 들어올릴 때 사용하는 볼트는?

① 아이 볼트
② 스터드 볼트
③ 리머 볼트
④ 스테이 볼트

· 정답 풀이 ·

아이 볼트는 자주 탈착하거나 후크를 걸어 중량물을 들어올릴 때 사용한다.

029 스패너를 사용하지 않고 손으로도 조이거나 풀 수 있는 볼트는?

① 아이 볼트
② 육각 볼트
③ 리머 볼트
④ 나비 볼트

· 정답 풀이 ·

나비 볼트는 머리가 나비 모양으로 생김새만 봐도 손으로 조이거나 풀 수 있다.

030 두 물체 사이의 거리를 일정하게 유지하려고 중간에 링이나 양쪽에 턱을 만들어 사용하는 볼트는 무엇인가?

① 스테이 볼트
② 사각 볼트
③ 캡 볼트
④ 리머 볼트

· 정답 풀이 ·

스테이(Stay)는 '유지하다'라는 의미이다. 두 판 사이의 거리를 일정하게 유지하기 위해 사용하는 볼트이다.

정답 028 ①　　　029 ④　　　030 ①

031 리머 볼트에 대한 설명으로 옳지 **못한** 것은 무엇인가?

① 볼트 구멍은 볼트 지름보다 작으므로 전단력이 발생할 때 사용한다.
② 플랜지 이음에 사용하는 볼트이다.
③ 볼트 부분을 테이퍼지게 해서 움직이지 않도록 결합할 때 사용한다.
④ 리머로 다듬질한 구멍에 박아 결합하는 볼트이다.

· 정답 풀이 ·

볼트가 끼워지는 구멍은 볼트 지름보다 크기 때문에 전단력이 발생하여 볼트가 파손될 수 있다. 이를 방지하려고 사용하는 볼트가 바로 리머 볼트이다.

032 볼트의 길이는 일반적으로 무엇을 말하는가?

① 볼트 머리를 제외한 나머지 부분의 길이
② 볼트 머리를 포함한 나머지 부분의 길이
③ 볼트 머리의 길이
④ 볼트 머리의 너비

· 정답 풀이 ·

볼트의 길이: 볼트 머리를 제외한 나머지 부분의 길이

033 공작기계의 테이블에 공작물을 고정시킬 때 사용하는 볼트는?

① 스크류 볼트
② T 볼트
③ 캡 볼트
④ 리머 볼트

· 정답 풀이 ·

공작기계의 테이블 면에 공작물을 고정시키기 위해 사용하는 볼트는 T볼트이다.
테이블 면의 T홈에 끼워 결합한다.

정답 031 ① 032 ① 033 ②

034 기계설비를 콘크리트 바닥면에 설치할 때 사용하는 볼트는?

① 기초 볼트
② 플랜지 볼트
③ 아이 볼트
④ 스테이 볼트

· 정답 풀이 ·

- **기초 볼트**: 기계설비를 콘크리트 바닥면에 설치할 때 사용하는 볼트
- **플랜지 볼트**: 와셔가 붙어 있는 볼트로, 볼트 머리만으로 조립할 때보다 하중을 더 넓은 면적에 분포시킬 수 있다.
- **아이 볼트**: 자주 탈부착하는 뚜껑에 사용하거나 중량물을 들어올릴 때 사용하는 볼트
- **스테이 볼트**: 판과 판 사이 적당한 간격을 유지할 때 사용하는 볼트

035 양끝에 왼나사, 오른나사가 있어 막대 및 로프를 죄는 데 사용하는 것은 무엇인가?

① 관통 볼트
② 태핑 볼트
③ 아이 볼트
④ 턴버클

· 정답 풀이 ·

턴버클은 양끝에 왼나사, 오른나사가 있기 때문에 중앙으로 조여져 막대나 로프 등을 조이거나 고정시킬 수 있다.

참고 • 태핑 볼트는 너트를 사용하지 않는다.
 • 연신 볼트는 인장력이 작용하는 곳에 사용하여 늘어나기 쉽게 한 볼트이다.

정답 034 ① 035 ④

03 너트

036 목재 결합에 주로 이용되는 너트는 무엇인가?

① 둥근 너트 ② 사각 너트
③ 삼각 너트 ④ 플랜지 너트

· 정답 풀이 ·

목재 결합에 주로 사용하는 것은 사각 너트이다.
사각 너트는 바깥의 둘레가 사각형으로 된 너트를 말한다.

037 너트를 체결하기 위해 특수 스패너가 필요한 너트는 무엇인가?

① 둥근 너트 ② 캡 너트
③ 사각 너트 ④ 플랜지 너트

· 정답 풀이 ·

특수 스패너가 필요한 너트는 둥근 너트이다.
머리가 둥글기 때문에 모양이 원형인 특수 스패너가 필요하다.

038 유체의 유출을 방지하기 위해 사용하는 너트는 무엇인가?

① 플랜지 너트 ② 나비 너트
③ 캡 너트 ④ 육각 너트

· 정답 풀이 ·

캡 너트는 한쪽 면을 막아서 볼트가 관통하지 않는 형상으로 만든 너트이다. 기본적으로 외관을 좋게 하고 기밀성을 늘리기 위한 목적에서 사용한다.

정답 036 ② 037 ① 038 ③

039 볼트의 구멍이 크고 접촉면이 거치거나 큰 면압을 피할 때 사용하는 너트는?

① 플랜지 너트
② 나비 너트
③ 캡 너트
④ 육각 너트

> **· 정답 풀이 ·**
>
> - **플랜지 너트**: 볼트의 구멍이 크고 접촉면이 거칠거나 큰 면압을 피할 때 사용하는 너트
> - **나비 너트**: 손으로 쉽게 풀고 조일 수 있는 너트
> - **캡 너트**: 틈 사이로 유체가 유출하는 것을 방지하는 데 사용하는 너트
> - **육각 너트**: 머리 모양이 육각형인 너트

03 너트

040 얇은 강판을 펀칭하여 만든 것으로, 볼트 골 사이에 끼워 사용하는 너트는?

① 아이 너트
② 홈붙이육각 너트
③ 스프링판 너트
④ 플랜지 너트

> **· 정답 풀이 ·**
>
> 스프링판 너트는 강판을 제조하여 만든 너트이다.
> [참고] **슬리브 너트**: 수나사 중심선의 편심 방지에 사용하는 너트

041 너트의 풀림을 방지하기 위해 분할핀을 삽입할 수 있게 한 홈이 있는 너트는?

① 홈붙이 육각 너트
② 스프링판 너트
③ 나비 너트
④ 아이 너트

> **· 정답 풀이 ·**
>
> 홈붙이 너트는 분할핀을 사용하여 너트의 풀림을 방지할 수 있다.

정답 039 ①　　　040 ③　　　041 ①

042 와셔의 사용 목적으로 옳지 **못한** 것은 무엇인가?

① 볼트 머리의 지름보다 구멍이 작을 때
② 너트의 풀림 방지를 위해
③ 접촉면이 고르지 못하고 경사졌을 때
④ 볼트나 너트의 자리가 다듬어지지 않았을 때

• 정답 풀이 •

볼트 머리의 지름보다 구멍이 큰 경우 와셔를 사용한다.

043 너트의 풀림 방지 방법으로 옳지 **못한** 것은 무엇인가?

① 분할핀 사용
② 로크 너트 사용
③ 큰 나사 사용
④ 자동죔 너트 사용

• 정답 풀이 •

큰 나사를 사용하는 것이 아니라 작은 나사를 사용하여 너트의 풀림을 방지한다.

[너트의 풀림 방지 방법]
분할핀, 작은 나사, 세트 스크류, 철사, 자동죔 너트, 와셔, 로크 너트, 플라스틱 플러그 등

044 회전체의 균형을 좋게 하거나 너트 머리를 외부에 돌출시키지 않으려고 할 때 사용하는 너트는 무엇인가?

① 아이 너트
② 둥근 너트
③ 스테이 너트
④ 홈붙이 너트

• 정답 풀이 •

• 둥근 너트 목적: 회전체의 균형을 향상시키며, 너트를 외부에 돌출시키려 하지 않을 때 사용한다.
둥근 너트는 특수 스패너로 체결해야 한다.

정답 042 ①   043 ③   044 ②

045 일반용 너트 머리 높이는 볼트 지름의 몇 배인가?

① 1배
② 2배
③ 3배
④ 4배

> **・정답 풀이・**
>
> 설계상 가장 안전한 일반용 너트 머리 높이는 볼트 지름의 1배! [암기해야 할 사항]

046 육각 너트를 사용할 수 없거나 공간이 협소할 때 사용하는 너트는 무엇인가?

① 둥근 너트
② 나비 너트
③ 사각 너트
④ 스프링판 너트

> **・정답 풀이・**
>
> **・둥근 너트 목적**: 회전체의 균형을 향상시키며 너트를 외부에 돌출시키려 하지 않을 때 사용한다.
> 육각 너트를 사용하기 어려울 때, 공간이 협소할 때, 너트의 높이를 작게 할 때, 선반의 주축 같은 회전축에 사용한다.

04 핀

047 큰 하중이 걸리지 <u>않는</u> 부분을 고정하거나 결합시키는 데 사용하는 것은?

① 코터
② 핀
③ 키
④ 베어링

• 정답 풀이 •

핀은 큰 힘이 걸리지 않는 부분을 고정하거나 결합할 때 사용한다.

048 핀의 실효 치수의 의미로 옳은 것은 무엇인가?

① 공차 범위 내에서 가장 작게 나타낼 수 있는 상태
② 공차 범위 밖에서 가장 작게 나타낼 수 있는 상태
③ 공차 범위 내에서 가장 크게 나타낼 수 있는 상태
④ 공차 범위 밖에서 가장 크게 나타낼 수 있는 상태

• 정답 풀이 •

핀의 실효 치수는 공차 범위 내에서 가장 크게 나타낼 수 있는 상태를 말한다.

049 테이퍼 핀의 기울기와 호칭지름의 설명으로 옳은 것은 무엇인가?

① 1/50, 가장 큰 부분의 지름
② 1/50, 가장 가는 부분의 지름
③ 1/5, 가장 큰 부분의 지름
④ 1/5, 가장 가는 부분의 지름

• 정답 풀이 •

필수 암기 내용이다. 반드시 암기한다.

정답 047 ②   048 ③   049 ②

050 조립 분해할 때 위치를 결정하는 데 주로 사용되는 핀은 무엇인가?

① 평행 핀
② 분할 핀
③ 테이퍼 핀
④ 스프링 핀

· 정답 풀이 ·

· **분할 핀**: 홈붙이 너트에 삽입하여 너트의 풀림 방지를 위해 사용한다.
 핀 전체가 두 갈래로 되어 있고, 너트의 풀림 방지에 사용한다.
 분할 핀의 호칭지름은 핀 구멍의 지름으로 표시한다.

· **테이퍼 핀**: 축에 부품을 결합할 때 사용하고, 정밀한 위치를 결정할 때 사용한다.
 테이퍼 핀의 기울기는 1/50이며, 가장 가는 부분의 지름을 호칭지름으로 선정한다.

· **스프링 핀**: 세로 방향으로 쪼개져 있어 핀 구멍이 정확하지 않아도 해머로 박을 수 있다.

051 세로 방향으로 쪼개져 있어, 핀 구멍이 정확하지 않아도 해머로 박아 결합할 수 있는 핀은 무엇인가?

① 스프링 핀
② 평행 핀
③ 테이퍼 핀
④ 분할 핀

· 정답 풀이 ·

스프링 핀은 세로 방향으로 쪼개져 있다. 분할핀은 전체가 두 갈래로 나뉘어져 있다.
반드시 구별하여 암기한다.

---

05 코터

052 인장 또는 압축하중을 받는 축을 결합하기 위해 사용하는 기계적 결합 요소는?

① 핀   ② 코터
③ 키   ④ 베어링

• 정답 풀이 •

코터는 인장이나 압축하중을 받는 축과 축 등을 결합할 때 사용하는 일종의 기계적 결합 요소이다.

053 일반적인 보통 코터의 기울기는 보통 어느 정도로 설계하는가?

① 1/10   ② 1/20
③ 1/30   ④ 1/40

• 정답 풀이 •

[코터의 기울기]
• 보통: 1/20
• 반영구적인 것: 1/100
• 분해하기 쉬운 것: 1/5~1/10

054 한쪽 구배의 코터일 경우 자립 상태의 조건으로 옳은 것은? (단, a: 경사각, ρ: 마찰각)

① $2\rho \geq a$ ② $2\rho \leq a$
③ $\rho \geq a$ ④ $\rho \leq a$

• 정답 풀이 •

[코터의 자립 상태 조건]
• 한쪽 구배: $2\rho \geq a$
• 양쪽 구배: $\rho \geq a$

정답 052 ②   053 ②   054 ①

055 코터에 대한 설명으로 옳지 못한 것은 무엇인가?

① 축과 축을 결합시키는 데 사용하는 일종의 쐐기이다.
② 축의 길이 방향에 평행하게 끼워 축을 결합한다.
③ 코터의 형상은 상하로 테이퍼를 만들어 빠지지 않게 만든다.
④ 진동이 있으면 분해될 수 있으므로 핀이나 너트를 꽂아 분해를 방지한다.

• 정답 풀이 •

축의 길이 방향에 직각으로 끼워 축을 결합한다.

[코터의 부가적 설명]
• 코터 재료의 경도는 축보다 약간 큰 것을 사용한다.
• 구조가 간단하다.
• 해체하기 쉽고 결합력을 조절할 수 있으므로 두 축의 연결용으로 많이 사용한다.

056 코터의 설명으로 옳지 못한 것은 무엇인가?

① 코터는 한쪽 구배와 양쪽 구배 두 종류가 있는데, 주로 한쪽 구배가 많이 사용된다.
② 코터 이음에서 코터는 주로 비틀림 모멘트를 받는다.
③ 코터 이음에서 압축 하중을 받는 축에는 로드에 칼라를 만든다.
④ 코터 이음에서 지브를 사용하는 이유는 소켓이 갈라질 염려가 있을 경우이다.

• 정답 풀이 •

코터 이음에서 코터는 주로 굽힘 모멘트를 받는다.

057 코터에 대한 설명으로 옳지 못한 것은?

① 코터는 축 방향으로 압축력이나 인장력을 받는 봉의 결합에 사용된다.
② 코터는 두께가 일정하고 폭이 테이퍼(taper)져 있는 평판 모양의 쐐기로 된 기계요소이다.
③ 코터는 구조가 간단하지만 해체하기가 어렵다.
④ 코터 재료의 경도는 축보다 약간 큰 것을 사용한다.

• 정답 풀이 •

코터는 구조가 간단하며 해체하기 쉽고 결합력을 조절할 수 있어 두 축의 연결용으로 많이 사용된다.

정답 055 ②   056 ②   057 ③

06 키

058 반달 키에 대한 설명으로 옳지 <u>못한</u> 것은 무엇인가?

① 키와 보스가 결합할 때 자동적으로 자리조정이 된다.
② 50 [mm] 이하의 축에 일반적으로 사용되며, 특히 테이퍼 축에 사용된다.
③ 축에 깊게 가공되어 축의 강도가 약해지는 단점이 있다.
④ 우드러프 키라고도 불리운다.

> **• 정답 풀이 •**
>
> 반달 키는 60 [mm] 이하의 축에 사용한다.
> 반달 키는 주로 공작기계나 자동차에 사용된다.

059 안장 키에 대한 설명으로 옳지 <u>못한</u> 것은 무엇인가?

① 접촉면의 접촉 압력으로 동력을 전달한다.
② 축에 직접 키 홈을 가공하지 않으므로 축의 강도를 그대로 유지할 수 있다.
③ 마찰력을 이용하여 힘을 전달하기 때문에 큰 동력을 전달할 수 있다.
④ 새들 키라고도 한다.

> **• 정답 풀이 •**
>
> 마찰력만 이용하여 힘을 전달하기 때문에 큰 동력을 전달할 수 없는 단점을 가지고 있다.

060 키가 전달할 수 있는 토크, 즉 동력 전달 크기가 가장 큰 키는 무엇인가?

① 세레이션   ② 스플라인
③ 묻힘키   ④ 접선키

> **• 정답 풀이 •**
>
> [키의 토크 전달 크기 순서]
> 세레이션 > 스플라인 > 접선키 > 묻힘키 > 반달키 > 평키 > 안장키 > 핀키 = 둥근키

정답 058 ②   059 ③   060 ①

061 묻힘 키에 대한 설명으로 옳지 <u>못한</u> 것은?

① 일반적으로 가장 많이 사용하는 키이다.
② 묻힘 키에는 때려박음 키와 심음 키가 있으며, 그 중 때려박음 키는 작은 축에 사용한다.
③ 축과 보스 양쪽에 키 홈이 있으며, 기울기는 1/100이다.
④ 묻힘 키는 안장 키보다 큰 동력을 전달할 수 있다.

·정답 풀이·

묻힘 키에는 때려박음 키와 심음 키가 있다. 그 중 때려박음 키는 큰 축에 사용한다.
또한, 묻힘 키는 성크 키라고도 불리우며, 가장 일반적으로 사용하고, 축과 보스 양쪽에 키 홈을 가공한다.

062 보스가 축 방향으로 이동할 수 있고, 큰 토크를 전달할 수 있는 것은 무엇인가?

① 묻힘 키   ② 스플라인
③ 패더 키   ④ 안내 키

·정답 풀이·

스플라인은 보스의 원주 상에 일정한 간격으로 키 홈을 가공하여 다수의 키를 만든 것이다.
일반적으로 스플라인의 키 홈의 수는 4~20개 정도이며, 보스가 축 방향으로 이동할 수 있고, 큰 동력을 전달할 수 있는 장점을 가지고 있다.

063 직경이 200 [mm]인 회전축이 있다. 이 축의 폭이 10 [mm]이고 100,000 [N·mm]의 토크를 받고 있다. 이때 키(key)의 허용전단응력이 $\tau_k = 5$ [MPa]일 때, 축에 사용할 묻힘 키(key)의 길이는 얼마인가?

① 20 [mm]   ② 30 [mm]
③ 40 [mm]   ④ 50 [mm]

·정답 풀이·

key에 작용하는 전단응력(τ_k)

$$\tau_k = \frac{W}{A} = \frac{W}{bl} = \frac{\dfrac{2T}{d}}{bl} = \frac{2T}{bld}$$

즉, $\tau_k = \dfrac{2T}{bld}$ ...... ㉠

이고 문제에서 주어진 조건 $T = 100,000$ [N·mm], $b = 10$ [mm], $d = 200$ [mm], $\tau_k = 5$ [MPa]이므로 이를 ㉠식에 대입하면,

$$l = \frac{2T}{bd\tau_k} = \frac{2 \times 100,000}{10 \times 200 \times 5} = 20 \text{ [mm]}$$

064 여러 키에 대한 설명으로 옳지 **못한** 것은 무엇인가?

① 미끄럼 키는 패더 키 또는 안내 키라고도 불리운다.
② 우드러프 키는 축의 강도가 약해지는 단점을 가지고 있다.
③ 접선 키의 일반적인 중심각은 120도이다.
④ 보스의 원주 상에 수많은 삼각형이 있는 것을 스플라인이라고 한다.

> ◀ 정답 풀이 ▶
>
> 보스의 원주 상에 수많은 삼각형이 있는 것은 세레이션이라고 한다.
> 참고   자동차의 핸들 축에 사용하는 것은 세레이션 축이다.

065 테이퍼가 없으며, 자립 상태가 필요없는 키는 무엇인가?

① 패더 키
② 둥근 키
③ 핀 키
④ 묻힘 키

> • 정답 풀이 •
>
> • **미끄럼 키**(패더 키=안내 키): 테이퍼가 없으며, 자립 상태가 필요없는 키이다.

066 스플라인키와 같은 역할을 하는 키는 무엇인가?

① 미끄럼 키
② 둥근 키
③ 반달 키
④ 성크 키

> • 정답 풀이 •
>
> 미끄럼 키와 스플라인 키는 힘을 전달하는 동시에 보스를 축 방향으로 이동시키는 역할을 할 수 있다.
> ✎ 암기법: MS(미스)

정답   064 ④   065 ①   066 ①

067 접선 키는 보스의 양쪽 대칭으로 키가 달려 있고, 이 두 개 키의 중심각은 일반적으로 120도이다. 그렇다면 중심각이 90도인 키는 무엇이라고 하는가?

① 우드러프 키
② 케네디 키
③ 에릭슨 키
④ 토트넘 키

· 정답 풀이 ·

일반적으로 접선 키의 중심각은 120도이지만, 90도인 것은 케네디 키라고 한다.
그리고 접선 키는 기울기가 반대인 키를 2개 조합한 키이다.

068 축 → 보스 → 키의 순서로 결합을 완료하는 키는 무엇인가?

① 세트 키
② 드라이빙 키
③ 접선 키
④ 패더 키

· 정답 풀이 ·

축 → 보스 → 키의 순서로 결합을 완료하는 키는 드라이빙 키이다.
축 → 키 → 보스의 순서로 결합을 완료하는 키는 세트 키이다.
🖉 암기법: 새끼...새키...로 암기하면 헷갈리지 않고 암기할 수 있다.

069 스플라인 키 홈의 수는 일반적으로 몇 개인가?

① 2~20개
② 3~20개
③ 4~20개
④ 5~20개

· 정답 풀이 ·

스플라인 키 홈의 개수는 일반적으로 4~20개이다.
암기가 필요한 사항이다.

정답 067 ②　　　068 ②　　　069 ③

070 세레이션의 설명에 대해 옳지 **못한** 것은 무엇인가?

① 세레이션은 자동차 핸들을 고정시킬 때 사용한다.
② 세레이션은 스플라인보다 큰 토크를 전달할 수 있다.
③ 세레이션은 잇수가 많고 높이가 낮아 축압 강도가 크다.
④ 축과 보스의 상대각 위치를 가능한 굵게 조절하여 고정할 때 사용한다.

▶ 정답 풀이 ◀

세레이션은 축과 보스의 상대각 위치를 가능한 가늘게 조절하여 고정할 때 사용한다.

[세레이션의 부가적 특징]
• 잇수가 많고 이의 높이가 낮아 축압 강도가 커서 큰 토크를 전달할 수 있다.
• 축의 원주상에 수많은 작은 삼각형의 스플라인을 말한다.
• 키 중에서 가장 강력한 토크를 전달할 수 있으며, 움직이지 않는 축 고정에 사용한다.

071 인벌류트 스플라인의 설명으로 옳지 **못한** 것은 무엇인가?

① 각형의 스플라인보다 치형의 이뿌리가 좁아 강도가 높다.
② 인벌류트 스플라인의 압력각은 일반적으로 30도이다.
③ 각형의 스플라인보다 정밀도가 높으며, 이의 높이는 표준 스퍼기어의 0.5배 정도이다.
④ 스플라인의 종류에는 각형과 인벌류트가 있는데, 그 중 하나의 종류이다.

▶ 정답 풀이 ◀

인벌류트 스플라인은 각형 스플라인보다 치형의 이뿌리가 넓어 강도가 높다.

072 일반적으로 접선키의 중심각은 120도이다. 그렇다면 접선키를 설계할 때 중심각을 120도로 하여 두 키를 설치하는 이유는 무엇인가?

① 강력한 동력을 전달하기 위해
② 축의 강도를 높이기 위해
③ 면압 강도를 높이기 위해
④ 역회전을 할 수 있도록 하기 위해

▶ 정답 풀이 ◀

중심각을 120도로 설계해야 홈이 대칭적으로 맞아 역회전이 가능해진다.

정답 070 ④　　071 ①　　072 ④

073 세레이션의 종류로 옳지 <u>못한</u> 것은 무엇인가?

① 겹치기 세레이션
② 맞대기 세레이션
③ 삼각 세레이션
④ 인벌류트 세레이션

> **• 정답 풀이 •**
>
> [세레이션의 종류]
> • 맞대기 세레이션
> • 삼각 세레이션: 보편적인 세레이션으로 결합 정밀도가 좋지 못하다.
> • 인벌류트 세레이션: 치형의 압력각은 45도이다.

074 세레이션을 사용하는 축의 일반적인 지름은 몇 [mm] 이하인가?

① 40 [mm] 이하
② 50 [mm] 이하
③ 60 [mm] 이하
④ 70 [mm] 이하

> **• 정답 풀이 •**
>
> 세레이션은 50 [mm] 이하의 가장 가는 축에 사용한다.
> **참고** 반달 키는 60 [mm] 이하의 축이나 테이퍼 축에 사용한다.

075 힘의 전달과 동시에 보스를 축 방향으로 이동시킬 수 있는 키는 무엇인가?

① 묻힘 키
② 미끄럼 키
③ 접선 키
④ 핀 키

> **• 정답 풀이 •**
>
> 미끄럼 키와 스플라인 키는 힘의 전달과 동시에 보스를 축 방향으로 이동시킬 수 있다.

정답 073 ① 　　074 ② 　　075 ②

07 리벳

076 리벳의 재료로 적합하지 <u>않은</u> 것은?

① 경합금 ② 연강
③ 두랄루민 ④ 니켈

• 정답 풀이 •

리벳의 재료로 경합금 및 동은 알루미늄 합금과 반응을 일으켜 부식되기 때문에 적합하지 못하다. 또한, 주철은 취성이 있기 때문에 깨질 위험이 있으므로 적합하지 못하다.

[리벳의 재료]
연강, 두랄루민, 알루미늄, 구리, 황동, 저탄소강, 니켈
✎ 암기법: 연두알구황저니

077 리벳 이음에서 리벳의 지름이 $50\,[\text{mm}]$, 리벳의 피치가 $80\,[\text{mm}]$라면 강판의 효율은 몇 $[\%]$인가?

① $27.5\,[\%]$ ② $37.5\,[\%]$
③ $47.5\,[\%]$ ④ $57.5\,[\%]$

• 정답 풀이 •

강판의 효율: $1-d/p$이므로 $1-50/80=0.375$ ➡ $37.5\,[\%]$

078 가열된 리벳의 생크 끝에 머리를 만들고 스냅을 대고 때려 제2의 리벳머리를 만드는 공정을 무엇이라고 하는가?

① 리벳팅 ② 코킹
③ 코깅 ④ 플러링

• 정답 풀이 •

강판 2개를 리벳으로 결합시키는 과정이 바로 리벳팅이다.

정답 076 ①   077 ②   078 ①

079 코킹은 일반적으로 몇 [mm] 이상의 판에 적용할 수 있는가?

① 3 [mm]
② 4 [mm]
③ 5 [mm]
④ 6 [mm]

· 정답 풀이 ·

코킹은 일반적으로 5 [mm] 이상의 판에 적용하여 기밀을 유지한다.
5 [mm] 이하의 너무 얇은 판이라면 판이 뭉개질 수 있다.

[5 [mm] 이하인 판의 기밀 유지 방법]
판 사이에 패킹, 개스킷, 기름 먹인 종이 등을 끼워 기밀을 유지할 수 있다.

080 기밀을 더욱 완전하게 하기 위해 또는 강판의 옆면 형상을 재차 다듬기 위해 강판과 같은 두께의 공구로 옆면을 때리는 작업을 무엇이라고 하는가?

① 코킹
② 플러링
③ 코깅
④ 리벳팅

· 정답 풀이 ·

코킹으로 헷갈릴 수 있지만, '기밀 더욱 완전', '강판과 같은 두께의 공구'를 보아 플러링이라는 것을 알 수 있다.
'코킹 vs 플러링'을 구별한다.

081 리벳 이음에서 코킹이나 플러링을 하는 목적은 무엇인가?

① 판의 강도를 증가시키기 위해
② 판의 연성을 증가시키기 위해
③ 판의 인성을 증가시키기 위해
④ 판의 기밀을 유지하기 위해

· 정답 풀이 ·

- 코킹은 기밀을 필요로 할 때, 리벳 공정이 끝난 후 리벳머리 주위 및 강판의 가장자리를 해머로 때려 완전히 기밀을 하는 작업을 말한다.
- 플러링은 코킹 후 기밀을 더욱 완전히 하는 목적으로 강판과 같은 두께의 플러링 공구로 옆면을 치는 작업을 말한다.
➡ 따라서 코킹 및 플러링의 목적은 기밀 유지이다.

정답 079 ③   080 ②   081 ④

082 리벳에 대한 설명으로 옳지 못한 것은 무엇인가?

① 리벳의 크기는 일반적으로 자루의 지름으로 표시한다.
② 리벳의 호칭지름은 리벳의 목 부분에서 1/3 떨어진 지점의 지름으로 정한다.
③ 리벳은 머리와 자루로 구성되어 있다.
④ 리벳의 길이는 지름의 5배 이하로 한다.

• 정답 풀이 •

리벳의 호칭지름은 리벳의 목 부분에서 1/4 떨어진 지점의 지름으로 정한다.
[리벳의 특징]
• 분해하려면 충격을 수반하여 파괴해야 하고, 판 두께의 제한이 있다.
• 잔류 응력이 남지 않아 취약 파괴가 발생하지 않는다.
• 용접보다 결합이 쉬운 장점이 있지만, 길이 방향의 하중에 취약하다.

083 리벳의 구멍은 리벳의 지름보다 몇 [mm] 더 크게 뚫는가?

① 1~1.5 [mm]
② 2~2.5 [mm]
③ 3~3.5 [mm]
④ 4~4.5 [mm]

• 정답 풀이 •

리벳의 구멍은 리벳의 지름보다 1~1.5 [mm] 더 크게 뚫는다.

084 용접 이음과 비교한 리벳 이음의 특징으로 옳지 못한 것은 무엇인가?

① 리벳 이음은 잔류 응력이 발생하지 않아 변형이 적다.
② 용접 이음보다 이음 효율이 좋지만, 길이 방향의 하중에 취약한 단점이 있다.
③ 결합시킬 수 있는 강판의 두께에 제한이 있다.
④ 경합금처럼 용접하기 곤란한 금속을 이음할 수 있다.

• 정답 풀이 •

용접 이음보다 이음 효율이 낮다. 용접 이음은 이음 효율을 100 [%]까지 올릴 수 있다.

정답 082 ② 083 ① 084 ②

085 코킹을 실시할 때, 강판의 가장자리는 몇 도로 기울이는가?

① 25~35도

② 35~45도

③ 65~75도

④ 75~85도

> **• 정답 풀이 •**
>
> 암기해야 할 사항이다. 꼭 암기한다.

086 사용 용도에 따른 리벳의 분류에 포함되지 <u>않는</u> 것은?

① 구조용 이음

② 보일러용 이음

③ 저압용 이음

④ 겹치기 이음

> **• 정답 풀이 •**
>
> [사용 용도에 따른 리벳의 분류]
> 구조용 이음, 보일러용 이음, 저압용 이음
>
> ----
>
> [접합 방법에 따른 분류]
> 맞대기 이음, 겹치기 이음
>
> ----
>
> **참고** 냉간 리벳의 호칭지름은 1~13 [mm], 열간 리벳의 호칭지름은 10~44 [mm]이다.

087 한쪽만 리벳팅하여 사용할 수 있는 리벳은 무엇인가?

① 열간 리벳

② 냉간 리벳

③ 허크 리벳

④ 납작머리 리벳

> **• 정답 풀이 •**
>
> • **허크 리벳**: 한쪽만 리벳팅하여 사용할 수 있는 리벳
> 암기해야 할 사항이다. 꼭 암기한다.

정답 085 ④　　　086 ④　　　087 ③

088 리벳의 크기를 머리 부분을 포함한 전체 길이로 표시하는 리벳은 무엇인가?

① 냉간 리벳   ② 접시머리 리벳
③ 납작머리 리벳   ④ 저압용 리벳

・정답 풀이・

리벳의 크기는 보통 머리를 제외한 자루의 길이로 표시한다. 하지만 접시머리 리벳은 머리부분을 포함한 전체 길이로 표시한다.

089 리벳의 머리 형상에 따라 분류했을 때 그 종류가 <u>아닌</u> 것은 무엇인가?

① 냄비머리 리벳   ② 납작머리 리벳
③ 둥근머리 리벳   ④ 삼각머리 리벳

・정답 풀이・

[머리 형상에 따른 리벳의 분류]
• 냄비머리 리벳
• 납작머리 리벳
• 둥근머리 리벳
• 접시머리 리벳
🖉 암기법: ㄴㄴ둥접

090 강도 및 기밀을 필요로 하는 동시에 압력에 견딜 수 있는 리벳 이음은 무엇인가?

① 저압용 리벳   ② 구조용 리벳
③ 보일러용 리벳   ④ 열간 리벳

・정답 풀이・

[리벳의 용도에 따른 분류]
• **보일러용**: 강도와 기밀이 필요하고, 압력에 견딜 수 있는 리벳 이음(보일러, 고압탱크)
• **저압용**: 강도보다는 기밀만 필요한 리벳 이음(물탱크, 저압탱크)
• **구조용**: 기밀보다는 강도가 필요한 리벳 이음(철교, 차량, 선박 등)

정답 088 ②   089 ④   090 ③

091 강도보다는 기밀만을 필요로 하는 리벳 이음은 무엇인가?

① 저압용 리벳

② 냉간 리벳

③ 구조용 리벳

④ 보일러용 리벳

• 정답 풀이 •

[리벳의 용도에 따른 분류]
- **보일러용**: 강도와 기밀이 필요하고, 압력에 견딜 수 있는 리벳 이음(보일러, 고압탱크)
- **저압용**: 강도보다는 기밀만 필요한 리벳 이음(물탱크, 저압탱크)
- **구조용**: 기밀보다는 강도가 필요한 리벳 이음(철교, 차량, 선박 등)

092 리벳에 대한 설명으로 옳지 <u>못한</u> 것은 무엇인가?

① 2줄 이상의 리벳 이음에서 리벳의 피치가 다를 때, 피치가 큰 곳에서 강판이 전단되고 피치가 작은 곳에서 리벳이 전단된다.

② 리벳의 길이는 죔 두께로부터 리벳 지름의 1.3~1.6배 정도로 한다.

③ 리벳의 재료는 가능한 한 동일한 재료를 사용해야 한다.

④ 현장에서 용접 이음보다 작업이 수월하다.

• 정답 풀이 •

- **리벳의 조합 효율**: 2줄 이상의 리벳 이음에서는 리벳의 피치가 다를 때, 피치가 큰 곳에서 리벳이 전단되고 피치가 작은 곳에서 강판이 전단된다.
- 죔 두께＝강판의 합 두께＝접합부의 그립
- 리벳 재료는 강도, 부식 등을 고려해서 동일한 재료를 사용해야 한다.

093 리벳 이음의 효율에 대한 설명으로 옳지 <u>못한</u> 것은 무엇인가?

① 리벳의 효율은 '1피치 내의 구멍이 없는 경우의 강판의 인장강도'에 대한 '1피치 내에 있는 리벳의 전단강도'로 구할 수 있다.

② 효율 중에서 가장 작은 효율은 리벳 이음 효율이다.

③ 강판의 효율은 '1피치 내의 구멍이 있을 때의 강판의 인장강도'에 대한 '1피치 내에 구멍이 없을 때의 강판의 인장강도'로 구할 수 있다.

④ 강판의 효율은 피치와 리벳의 지름을 알면 구할 수 있다.

• 정답 풀이 •

[강판의 효율]
1피치 안에 구멍이 있을 때 판의 인장강도/1피치 안에 구멍이 없을 때 판의 인장강도

07
리벳

정답 091 ①　　092 ①　　093 ③

094 리벳 이음이 파괴되는 상황으로 옳지 <u>못한</u> 것은 무엇인가?

① 리벳에 전단하중이 작용할 때
② 리벳 구멍 사이의 강판이 파괴될 때
③ 강판이 압축되어 파괴될 때
④ 리벳에 굽힘하중이 작용할 때

• 정답 풀이 •

[리벳 이음이 파괴되는 경우]
• 리벳에 전단하중이 작용할 때
• 리벳 구멍 사이의 강판이 파괴될 때
• 강판이 압괴되어 파괴될 때
• 강판의 가장자리가 파괴될 때

095 코킹 및 플러링에 대한 설명으로 옳지 <u>못한</u> 것은 무엇인가?

① 강판과 같은 두께의 플러링 공구로 옆면을 타격하는 공정은 플러링이다.
② 플러링은 기밀을 더욱 완전하게 하기 위해 실시하는 작업이다.
③ 아주 얇은 강판일 때는 기름 먹인 종이와 패킹 등을 판 사이에 끼워 기밀을 유지한다.
④ 코킹은 보통 5 [mm] 이하의 판에 적용한다.

• 정답 풀이 •

코킹은 판재의 기밀, 수밀을 위해 실시하는 공정으로, 5 [mm] 이하의 너무 얇은 판재에 코킹을 하면 판재가 손상을 입을 수 있다. 따라서, 아주 얇은 강판일 때는 기름 먹인 종이, 패킹 등을 판 사이에 끼워 기밀을 유지해야 한다.

096 리벳 이음의 순서로 옳은 것은 무엇인가?

① 드릴링 → 리밍 → 리벳팅 → 코킹
② 드릴링 → 리벳팅 → 리밍 → 코킹
③ 리밍 → 드릴링 → 리벳팅 → 코킹
④ 리밍 → 리벳팅 → 드릴링 → 코킹

• 정답 풀이 •

드릴로 구멍을 뚫고, 뚫은 구멍의 내면을 다듬질한 후 리벳팅을 한다. 그 후 기밀 유지를 위해 코킹 작업을 실시한다.

정답 094 ④   095 ④   096 ①

097 리벳 이음에서 냉간 작업과 열간 작업으로 구분될 수 있다. 그렇다면 냉간 작업과 열간 작업의 기준이 되는 리벳의 직경은 각각 몇 [mm]인가?

	냉간 작업	열간 작업
①	5 [mm] 이하	8 [mm] 이상
②	8 [mm] 이하	10 [mm] 이상
③	10 [mm] 이하	13 [mm] 이상
④	15 [mm] 이하	17 [mm] 이상

• 정답 풀이 •

암기가 필요한 사항이다. 꼭 암기한다.

098 리벳의 길이는 지름의 몇 배 이하로 설계하는가?

① 2배   ② 3배
③ 4배   ④ 5배

• 정답 풀이 •

리벳의 길이는 통상 지름의 5배 이하로 설계한다.
암기가 필요한 사항이니, 꼭 암기해야 한다.

정답 097 ②   098 ④

08 용접

099 리벳 이음과 비교하여 용접 이음의 특징으로 옳지 **못한** 것은 무엇인가?

① 용접 이음은 진동을 감쇠시키기 어렵다.
② 용접 이음의 이음 효율은 100 [%]까지 올릴 수 있다.
③ 판의 두께에 제한이 없으며, 공정 수를 줄일 수 있고, 재료비가 경감될 수 있다.
④ 용접부의 비파괴 검사가 쉽다.

· 정답 풀이 ·

용접부 내부는 잔류응력이 잔류하고 있기 때문에 비파괴 검사가 어렵다.
꼭 암기해야 한다.

100 용착 금속의 전연성이 좋으며, 고장력판이나 합금강 구조물을 용접할 때 사용하는 피복제는 무엇인가?

① E4316
② E4311
③ E4324
④ E4344

· 정답 풀이 ·

[피복제 종류]
• E4311: 고셀룰로오스계
• E4316: 저수소계(은점을 방지하기 위해 사용한다.)
   참고 은점의 주원인: 수소
• E4324: 철본탄화티탄계

101 겹치기 전기 저항 용접에서 접합부에 나타나는 용융 응고된 금속 부분은?

① 스카핑
② 너겟
③ HAZ
④ 스포트

· 정답 풀이 ·

너겟은 겹치기 전기 저항 용접에서 접합부에 나타난 용융 응고된 금속 부분이다.

정답 099 ④   100 ①   101 ②

102 가스 용접에 대한 설명으로 옳지 <u>못한</u> 것은 무엇인가?

① 열 집중성이 낮다.
② 변형이 크게 발생한다.
③ 열효율이 낮아 용접 속도가 느린 편이다.
④ 후판에 적용한다.

• 정답 풀이 •

[가스 용접의 특징]
• 전력이 필요 없고, 변형이 크다. 그리고 일반적으로 박판에 적용한다.
• 열의 집중성이 낮아 열효율이 낮은 편이다. 따라서 용접 속도가 느리다.

103 탄산가스 용접법에 대한 설명으로 옳지 <u>못한</u> 것은 무엇인가?

① 연강판의 용접에 적합하다.
② 소모식 용접법이다.
③ 용접 속도가 느리다.
④ Mig 용접과 비슷한 강도를 가질 수 있다.

• 정답 풀이 •

탄산가스 용접법은 CO_2를 사용한다. CO_2는 구하기 쉽기 때문에 대량으로 공급해 용접 속도가 빠르다.

104 다음 중 소모식 용접법이 <u>아닌</u> 것은 무엇인가?

① Mig 용접
② 유니언멜트(서브머지드 용접=자동 금속 아크 용접=링컨 용접)
③ 피복 아크 용접
④ 플라즈마 아크 용접

• 정답 풀이 •

[소모식 vs 비소모식 용접]
• 소모식 용접법: Mig, CO_2, 유니언멜트, 피복 아크 용접, 일렉트로 가스 용접
• 비소모식 용접법: 플라즈마 아크 용접, 원자 수소 아크 용접

정답 102 ④   103 ③   104 ④

105 알루미늄 분말과 산화철 분말의 혼합 반응을 통해 얻은 열로 접합하는 용접은?

① 테르밋 용접
② 자동 금속 아크 용접
③ 전자빔 용접
④ 플라즈마 용접

• 정답 풀이 •

테르밋 용접은 산화철과 알루미늄 분말을 반응시켜 얻은 3000도의 고열로 접합을 하는 용접이다.

[테르밋 용접의 특징]
• 3000도의 고열이 발생하며, 용접 변형이 적지만 용접 접합 강도가 낮다.
• 보수 용접 및 기차 레일 접합에 사용하며, 설비비가 싸다.

106 용접봉에 대한 설명으로 옳지 못한 것은 무엇인가?

① 용접봉은 일반적으로 심선＋피복제로 구성되어 있다.
② 심선은 탄소 함유량이 많을수록 좋다.
③ 용접봉은 건조한 상태로 보관해야만 한다.
④ E4316은 저수소계 용접봉을 말한다.

• 정답 풀이 •

심선이 탄소 함유량이 많다면, 취성이 생길뿐만 아니라 심선의 열전도율이 적어져 용접봉이 녹기 어렵다.
따라서 심선은 탄소 함유량이 적을수록 좋다.

107 용접에서 용제는 무슨 역할을 하는지 정확하게 서술한 것은?

① 대기 중 산소와의 접촉을 차단하여 불순물이 용접부에 생성되어 들어가는 것을 방지해 준다.
② 용접부의 냉각 속도를 증가시킨다.
③ 용접 후 변형을 방지한다.
④ 용접 중 변형을 방지한다.

• 정답 풀이 •

피복제가 용접열에 녹아 유동성이 있는 보호막이 바로 용제이다. 용제가 용접부를 덮어 대기 중 산소를 차단시켜
산화물 등의 불순물이 생성되는 것을 억제해 준다.

정답 105 ①   106 ②   107 ①

108 납땜은 용가재가 (   )이며, 납 용융 온도 (   )도에 따라 경납땜 및 연납땜으로 구분한다. 또한, 용가재 재료의 (   )에 의한 흡입력으로 접합한다. (   ) 안에 들어갈 내용을 차례대로 기술한 것은?

① 납, 450, 표면장력　　　　　　　　　② 납, 450, 압축력
③ 납, 400, 표면장력　　　　　　　　　④ 납, 400, 압축력

• 정답 풀이 •

납땜의 용가재(용접봉)은 납이고, 납 용융 온도 450도에 따라 연납땜 및 경납땜으로 구분한다. 또한, 용가재 재료의 표면장력에 의한 흡입력으로 접합된다.

---

109 다음 중 아크 용접이 <u>아닌</u> 것은 무엇인가?

① 스터드 용접　　　　　　　　　　　② 원자 수소 용접
③ 유니언멜트　　　　　　　　　　　　④ 퍼커션 용접

• 정답 풀이 •

퍼커션 용접은 일종의 충돌 용접이다. 따라서 아크 용접의 종류가 아니다.

- -

[아크 용접의 종류]
스터드 아크 용접, 원자 수소 아크 용접, 불활성 가스 아크 용접, 탄소 아크 용접
• 유니언멜트(서브머지드 용접＝링컨 용접＝자동 금속 아크 용접)

---

110 아래의 여러 용접방법 중 열손실이 가장 적은 방법은?

① 마찰용접　　　　　　　　　　　　② 전자빔 용접
③ 산소용접　　　　　　　　　　　　④ 불가시 아크 용접

• 정답 풀이 •

시험에 자주 출제되는 "키포인트" 특징을 반드시 암기해야 한다.
• **마찰용접**: 열영향부(heat affected zone)를 가장 좁게 할 수 있다.
• **전자빔 용접**: 열 변형이 매우 적으며 기어 및 차축 용접에 사용된다.
• **산소용접**: 열영향부가 넓다.
• **불가시 아크 용접**: 서브머지드 아크 용접, 자동 아크 용접, 유니언 멜트 용접, 링컨 용접, 잠호 용접과 같은 말이며, 열 손실이 가장 적은 용접법의 하나이다.

정답　108 ①　　　109 ④　　　110 ④

용접 08

111 축전기에 충전된 E(에너지)를 짧은 시간에 방출시킨다. 이에 따라 발생하는 아크로 접합 부분을 초집중 가열한 후 압력을 가해 접합시키는 용접은 무엇인가?

① 마찰 용접
② 퍼커션 용접
③ 링컨 용접
④ 고상 용접

• 정답 풀이 •

[퍼커션 용접의 특징]
• 가는 선재의 용접 및 극히 작은 지름의 은접점 용접에 사용한다.
• 일명 충돌 용접이며, 가압기구로 낙하 이용, 스프링 압축 이용, 공기 피스톤 이용법이 있다.

112 선반과 비슷한 구조로 금속의 상대 운동에 의한 열로 접합을 하는 용접은?

① 마찰 용접
② 폭발 용접
③ 확산 용접
④ 초음파 용접

• 정답 풀이 •

마찰 용접은 선반과 비슷한 구조로 용접을 실시하며, 열영향부(Heat Affected Zone)를 가장 좁게 할 수 있는 용접임을 꼭 암기한다.

113 고상 용접(Solid Phase Welding)의 종류가 <u>아닌</u> 것은 무엇인가?

① 확산 용접
② 마찰 용접
③ 초음파 용접
④ 저온 용접

• 정답 풀이 •

[고상 용접의 종류]
확산 용접, 마찰 용접, 초음파 용접, 롤 용접, 고온 용접, 압출 용접, 폭발 용접 등
🖉 **암기법:** (확)(마)! (조)저뿔래! (롤) (고)고!

정답 111 ②   112 ①   113 ④

114

가스 용접에서는 감압 밸브를 사용하여 압력을 조정한다. 그렇다면 고압의 산소를 갑압해서 (   )~(   )[kgf/cm^2]의 압력으로 낮춰 사용하는데, 이 범위로 옳은 것은?

① 1~3 [kgf/cm^2]
② 1~4 [kgf/cm^2]
③ 1~5 [kgf/cm^2]
④ 1~6 [kgf/cm^2]

• 정답 풀이 •

가스용접에서 감압 밸브를 사용하여 압력을 조정한다. 이때 고압의 산소를 감압하여 1~5 [kgf/cm^2]의 압력으로 낮추어 사용한다.

115

산소 용접에서 아세틸렌 누설 검사에 사용하는 것은 무엇인가?

① 가래침
② 비눗물
③ 소금물
④ 설탕물

• 정답 풀이 •

산소 용접에서 아세틸렌이 누설되었을 때 비눗물을 사용하여 누설된 개소를 파악한다.
암기가 필요한 사항이다. 반드시 암기한다.

116

산소-아세틸렌 용접에서 전진법(좌진법)에 대한 설명으로 옳지 <u>못한</u> 것은?

① 토치를 우 → 좌로 이동하면서 용접을 실시한다.
② 박판 용접에 적합하고 열이용률이 적다.
③ 산화의 정도가 심하고 변형이 크다.
④ 냉각속도가 느리고, 비드가 매끄럽다.

• 정답 풀이 •

[전진법의 특징]
• 토치를 우 → 좌로 이동하면서 용접을 실시하며, 박판 용접에 적합하고, 열이용률이 적다.
• 산화의 정도가 심하고 변형이 크며, 냉각속도는 빠르고 비드가 매끄럽다.

후진법의 특징과는 반대이므로 전진법의 특징만 암기한다.

정답 114 ③　　　115 ②　　　116 ④

117 아크 용접기의 용량은 무엇으로 산정하는가?

① 정격 1차 전류
② 정격 2차 전류
③ 정격 3차 전류
④ 정격 4차 전류

• 정답 풀이 •

아크 용접기의 용량은 정격 2차 전류로 산정한다.
암기가 필요한 사항이다. 반드시 암기한다.

118 교류 아크 용접기의 종류로 옳은 것은 무엇인가?

① 엔진 구동형
② 정류기형
③ 전동 발전형
④ 탭 전환형

• 정답 풀이 •

[직류 아크 용접기 종류]
발전기형(엔진 구동형, 전동 발전형), 정류기형

[교류 아크 용접기 종류]
가동 철심형, 가동 코일형 가포화 리액터형, 탭전환형

참고 아크 용접기에 사용하는 변압기는 누설 변압기이다.

119 직류 아크 용접 정극성에 대한 특징으로 옳지 <u>못한</u> 것은 무엇인가?

① 모재를 ＋, 용접봉을 ―로 하여 용접을 실시한다.
② 열 분배는 모재 70 [%], 용접봉 30 [%]로 한다.
③ 용접봉의 녹음이 빠르다.
④ 비드의 폭이 좁다.

• 정답 풀이 •

열 분배를 보면 용접봉에 30 [%]를 분배하기 때문에 용접봉의 녹음이 느리다.

정답 117 ②   118 ④   119 ③

120 당신은 (주)○○ Motors에 입사한 신입사원이다. 어느 날, 팀장이 당신에게 자동차 섀시를 용접하기에 적합한 기술자를 뽑아야 한다고 지시했다. 당신이 뽑아야 할 기술자는 누구인가?

① 심용접기술자
② 전자빔용접기술자
③ 테르밋용접기술자
④ 아크용접기술자

• 정답 풀이 •

자동차 섀시의 용접에 적합한 용접은 '아크용접'이다.
암기가 필요한 사항이다. 반드시 암기하기 바란다.

121 기어 및 차축의 용접에 적합한 용접은 무엇인가?

① 전자빔 용접
② 마찰 용접
③ 점 용접
④ 심 용접

• 정답 풀이 •

기어 및 차축의 용접에 적합한 용접은 전자빔 용접이다.
또한, 전자빔 용접은 수많은 전자를 모재에 충돌시켜 그 충돌 발열로 접합을 한다.
암기가 필요한 사항이다. 반드시 암기하기 바란다.

122 전자빔 용접에 대한 설명으로 옳지 **못한** 것은 무엇인가?

① 진공 상태에서 용접을 실시한다.
② 장비가 고가이다.
③ 융점이 높은 금속에 적용할 수 있으며, 용입이 깊다.
④ 변형이 적으나 사용 범위가 넓지 않다.

• 정답 풀이 •

전자빔 용접에 대한 특징은 거의 다 좋은 것 밖에 없다. 경험이다.
꼭 암기해야 하나, 문제가 나와 헷갈리면 좋은 것들에 대한 내용이 정답이라고 보면 된다.

정답 120 ④   121 ①   122 ④

123 지름이 $2.5 \sim 3.2$ [mm] 정도인 와이어 전극을 용융 슬래그 속에 공급하여 그에 따른 슬래그 전기 저항열로 접합을 실시하는 용접은 무엇인가?

① 일렉트로 슬래그 용접
② 서브머지드 용접
③ 유니언멜트 용접
④ 전자빔 용접

• 정답 풀이 •

[일렉트로 슬래그 용접의 특징]
• 보호 가스의 공급 없이 와이어 자체 발생 가스로 아크를 보호
• 전극 와이어-모재를 용해시켜 접합하고, 용접 홈 가공이 필요 없으며, 용접 시간이 빠르고 경제적이다.
• 충격에 약하고, 두꺼운 모재의 용접이 가능(지름 $2.5 \sim 3.2$ [mm]의 와이어 전극)

124 판금 공작물을 접합하는 데 가장 적합한 용접은 무엇인가?

① 플래시 용접
② 프로젝션 용접
③ 업셋 용접
④ 플러그 용접

• 정답 풀이 •

프로젝션 용접은 점 용접의 업그레이드 용접으로, 국부적으로 집중 가열하여 용접한다.
돌기는 열전도율이 크고 두께가 큰 쪽에 만든다.
참고 업셋 용접은 작은 단면적을 가진 선, 봉, 관의 용접에 적합하다.

125 모재 사이가 충분히 용해되지 않아 간격이 발생하는 결함은 무엇인가?

① 언더컷
② 블로우홀
③ 용입 부족
④ 피트

• 정답 풀이 •

참고 용입은 용접봉이 녹아 용융지에 들어가는 깊이를 말한다.

정답 123 ①　　124 ②　　125 ③

126 스패터의 원인으로 옳지 <u>못한</u> 것은 무엇인가?

① 전류의 과다   ② 용접 속도가 빠를 때

③ 아크 과대 및 용접봉 결함   ④ 용접 전류의 과소

• 정답 풀이 •

스패터는 너무 빠르게 용접할 때 용접봉이 녹은 용융 금속이 튀어서 마치 물방울처럼 발생한 결함이다.
전기 저항 용접에서 저항열(Q)은 $0.24 \times I^2 \times R \times t$의 식으로 구할 수 있다.
여기서 보면 용접 전류가 클수록 저항열이 증가하고, 열이 많을수록 용접봉이 금방 녹아 용접 속도가 빨라지며, 이로 인해 스패터가 발생한다. 따라서 답은 용접 전류 과소가 아닌 과대가 맞다. 암기해야 하지만, 이해하면 쉽게 암기할 수 있다.

참고 전기 저항의 3대 요소는 가압력, 통전 시간, 용접 전류

127 언더컷의 원인으로 옳지 <u>못한</u> 것은 무엇인가?

① 용접 전류의 부족   ② 용접 속도가 빠를 때
③ 아크 길이가 길 때   ④ 부적당한 용접봉을 사용할 때

• 정답 풀이 •

언더컷은 용접봉이 빨리 녹아서 접합 부분을 채우기 전에 용접이 종료되어 홈으로 생긴 결함이다.
[언더컷의 원인]
용접 전류 과대, 용접 속도 빠를 때, 아크 길이가 길 때, 용융 온도가 높을 때, 용접봉을 쥐는 각도와 운봉 속도의 부적당

128 용입 부족의 원인으로 옳지 <u>못한</u> 것은 무엇인가?

① 홈 각도의 과대   ② 용접 속도가 빠를 때
③ 용접 전류의 과소   ④ 저항열이 클 때

• 정답 풀이 •

[용입 부족의 원인]
- 홈 각도의 과소   • 용접 속도가 빠를 때
- 용접 전류가 과소일 때   • 저항열이 클 때
- 부적합한 용접봉   • 모재에 다량의 황이 포함되어 있을 때

따로 암기가 필요한 사항이다.

08
용접

정답 126 ④   127 ①   128 ①

129 오버랩의 원인으로 옳지 **못한** 것은 무엇인가?

① 용접 속도가 느릴 때
② 용접 전류의 과대
③ 토치의 겨냥 위치가 부적당
④ 저항열이 작을 때

• 정답 풀이 •

반드시 ①, ②번에서 답을 얻을 수 있다.
오버랩은 용접 속도가 느려 용착 금속이 모재에 융합되지 않고 겹쳐지는 것이다.
따라서 오버랩은 용접 전류가 낮아 용접 속도가 느릴 때 발생한다.

130 은점의 주된 원인이 되는 원소는 무엇인가?

① 수소
② 질소
③ 탄소
④ 황

• 정답 풀이 •

[은점을 방지하는 방법]
저수소계 용접봉(E4316) 사용 및 예열과 후열 실시

암기가 필요한 사항이다. 반드시 암기해야 한다.

131 용접 후 방출되어야 할 가스가 남아 생긴 빈 자리를 무엇이라고 하는가?

① 블로우홀
② 피트
③ 언더컷
④ 오버랩

• 정답 풀이 •

암기가 필요한 사항이다. 반드시 암기해야 한다.

정답 129 ②　　　130 ①　　　131 ①

132 산소－아세틸렌 용접에서 실제로 쓰이는 불꽃은 무엇인가?

① 산화불꽃
② 탄화불꽃
③ 겉불꽃
④ 속불꽃

• 정답 풀이 •

산소－아세틸렌 용접에서 실제로 쓰이는 불꽃은 속불꽃이며, 그 온도는 3000～3500도이다.

133 산소－아세틸렌 용접에서 산소 호스의 색깔은 무엇인가?

① 녹색
② 황색
③ 파란색
④ 적색

• 정답 풀이 •

산소 호스의 색깔은 녹색 및 검은색을 사용한다.
아세틸렌 호스의 색깔은 적색이다. 그리고 산소통(용기)은 녹색이며, 아세틸렌 통은 황색임을 반드시 암기한다.

134 비소모성 전극을 사용하는 용접이 <u>아닌</u> 것은 무엇인가?

① 플라즈마 아크 용접
② 원자수소 아크 용접
③ 플래시 용접
④ 일렉트로 가스 용접

• 정답 풀이 •

일렉트로 가스 용접은 소모성 전극을 사용한다.
참고 원자 수소 아크 용접은 2개의 텅스텐 전극을 사용하는 용접이다.

[비소모성 전극을 사용하는 용접]
플라즈마 아크 용접, 플래시 용접, 원자 수소 아크 용접, 탄소 아크 용접
🖉 암기법: 플플원탄

08 용접

정답 132 ④   133 ①   134 ④

135 가스 용접에 사용하는 가연성 가스가 <u>아닌</u> 것은 무엇인가?

① 아세틸렌
② 수소
③ 프로판
④ 산소와 공기의 혼합가스

• 정답 풀이 •

- **가연성 가스**: 아세틸렌, 수소, 프로판, 메탄가스 (타는 가스)
- **조연성 가스**: 산소와 공기의 혼합가스 (타는 것을 도와주는 가스)

136 주철을 가스 용접할 때 사용하는 용제로 옳은 것은 무엇인가?

① 사용하지 않는다.
② 중탄산나트륨＋탄산나트륨
③ 붕사＋중탄산나트륨＋탄산나트륨
④ 염산

• 정답 풀이 •

- **연강**: 사용하지 않는다.(연강은 탄소 함유량이 0.1 [%] 이하로 극히 적기 때문에 대기의 산소와 반응해도 큰 타격이 없기 때문에 연강은 용제를 굳이 사용하지 않아도 된다.)
- **경강**: 중탄산나트륨＋탄산나트륨
- **주철**: 붕사＋중탄산나트륨＋탄산나트륨

137 산소−아세틸렌 용접에서 폭발 위험이 가장 큰 혼합비는 무엇인가?

① 60 : 40
② 70 : 30
③ 85 : 15
④ 90 : 10

• 정답 풀이 •

암기가 필요한 사항이다. 반드시 암기한다.
참고 산소−프로판 용접의 혼합비는 4.5 : 1이다.

정답 135 ④   136 ③   137 ③

138 아세틸렌의 발생 방법이 <u>아닌</u> 것은 무엇인가?

① 주수식 ② 침지식

③ 투입식 ④ 침재법

139 가스 절단에 대한 설명으로 옳지 <u>못한</u> 것은 무엇인가?

① 모재가 산화 연소하는 온도는 금속의 용융점보다 높아야 한다.
② 생성된 금속 산화물의 용융 온도는 모재의 용융점보다 높아야 한다.
③ 금속 산화물은 잘 흐르는 성질을 가져야 한다.
④ 산화물은 외부의 압력에 잘 밀려나가는 성질을 가져야 한다.

140 아래 용접부의 기본 기호로 옳은 것은?

① 필릿용접 ② 플러그

③ 덧붙임 ④ 비드용접

141 링컨 용접에 대한 설명으로 옳지 **못한** 것은 무엇인가?

① 과립형 용제를 용접 전극 앞에 공급한다.
② 용해된 용제가 용접부를 덮어 냉각 속도를 늦춘다.
③ 용해되지 않은 용제를 회수하여 재사용할 수 있다.
④ 다양한 용접 자세로 용접을 진행할 수 있다.

> • 정답 풀이 •
>
> 유니언멜트 용접 즉, 서브머지드 용접은 하향 자세로만 용접할 수 있다.
> --
> [서브머지드 용접 특징]
> • 위빙할 필요가 없어 용접부 홈을 작게 할 수 있으므로 용접 재료의 소비가 적다.
> • 용접 변형이나 잔류 응력이 적고 열에너지 손실이 가장 작다.
> • 용입이 크므로 용접 홈의 가공 정밀도가 좋아야 하며, 설비비가 많이 든다.
> • 분말 용재 속에 용접봉을 꽂아 용접봉과 모재 사이에 아크를 발생시켜 용접한다.

142 용입의 크기 순서가 큰 순서대로 옳게 기술한 것은 무엇인가?

① 정극성 > 역극성 > 교류   ② 역극성 > 교류 > 정극성
③ 정극성 > 교류 > 역극성   ④ 교류 > 정극성 > 역극성

> • 정답 풀이 •
>
> 암기가 필요한 사항이다. 반드시 암기한다. [정교역]

143 여러 용접에 대한 설명으로 옳지 **못한** 것은 무엇인가?

① 업셋용접은 작은 단면적을 가진 선, 봉, 관의 용접에 적합하다.
② 플라스마 용접은 발열량의 조절이 어려워 아주 얇은 박판을 접합하는 데 사용하기 곤란하다.
③ 일렉트로 슬래그 용접은 지름이 2.5~3.2mm인 와이어전극을 용융슬래그 속에 공급하여 그에 따른 슬래그 전기저항열로 접합을 실시한다.
④ 전자빔 용접은 진공상태에서 용접을 실시하며 융점이 높은 금속에 적용이 가능하고 용입이 깊고 변형이 적다. 다만, 장비가 고가이다.
⑤ 프로젝션 용접은 판금 공작물을 접합하는 데 가장 적합한 용접이다.

> • 정답 풀이 •
>
> **플라즈마용접**: 발열량의 조절이 쉬워 아주 얇은 박판의 용접이 가능하다.

정답 141 ④   142 ③   143 ②

144 아크 용접 중 직류 아크 용접의 특징으로 옳지 <u>못한</u> 것은 무엇인가?

① 가격이 비싸다.
② 아크가 안정하다.
③ 소음이 크나 고장이 적다.
④ 감전의 위험이 적다.

• 정답 풀이 •

- **직류 아크 용접**: 아크가 안정하며, 얇은 판에 적용한다. 고장과 소음이 많고, 감전의 위험이 적다.
- **교류 아크 용접**: 직류 아크와 거의 반대의 특징이 있다.
- **고주파 아크 용접**: 작은 일감이나 박판 용접에 적합하다.

145 아크의 길이가 길어지면 발생하는 현상이 <u>아닌</u> 것은 무엇인가?

① 아크가 불안정해진다.
② 산화가 발생한다.
③ 스패터가 안정화된다.
④ 질화가 발생한다.

• 정답 풀이 •

[아크 길이가 길어지면 일어나는 현상]
산화 및 질화가 발생하며, 스패터가 심해지고, 아크가 불안정해진다.

146 이산화탄소 아크 용접에 대한 설명으로 옳지 <u>못한</u> 것은 무엇인가?

① 대기 중의 질소로부터 보호할 수 있다.
② 경제적이며 시공이 편리한 장점이다.
③ 용접봉이 녹아 용융지로 들어가는 깊이가 깊다.
④ 주로 연강판 용접에 적합하고, 용접 속도가 느린 단점이 있다.

• 정답 풀이 •

이산화탄소는 구하기 쉽기 때문에 무한정 대량 공급하므로 용접 속도가 빠르다.

08
용접

정답 144 ③ 145 ③ 146 ④

147 용접을 실시하면 용접부에 잔류 응력이 남아 변형된다. 일반적으로 이 잔류 응력을 감소시키려면 어떤 처리를 해야 하는가?

① 담금질을 실시한다.
② 풀림 처리를 실시한다.
③ 불림 처리를 실시한다.
④ 뜨임 처리를 실시한다.

• 정답 풀이 •

용접에서 잔류 응력을 없애기 위해서는 풀림 처리를 진행한다.

[용접 변형 방법]
• 용접 중 변형을 방지하는 방법: 가접
• 용접 후 변형을 방지하는 방법: 피닝
📎 암기법: 중가후피

148 용접 변형을 방지하는 방법으로 옳지 <u>못한</u> 것은 무엇인가?

① 억제법
② 역변형법
③ 냉각 및 가열법
④ 파텐팅

• 정답 풀이 •

파텐팅은 강재를 A3 염욕에 넣어 소르바이트를 얻는 열처리이다.

[용접 변형 방지 방법]
• **억제법**: 일감을 가접 또는 지그 홀더 등으로 장착하고 변형의 발생을 억제하는 방법이다. 일감을 조립하는 용접 준비와 함께 많이 이용되는 방법이다. 용접 후 잔류 응력을 제거하기 위해 풀림을 하면 더욱 좋다.
• **역변형법**: 예상되는 용접의 변형을 상쇄할 만큼 큰 변형을 주는 것으로, 용접 전에 반대 방향으로 굽혀 놓고 작업하는 방법을 말한다.
• **냉각 및 가열법**: 변형 부분을 가열한 다음 수랭하면 수축 응력 때문에 다른 부분을 잡아당겨 변형이 경감된다.
이 외에도 용접 중 변형을 방지하는 '가접'과 용접 후 변형을 방지하는 '피닝' 등이 있다.

정답 147 ② 　　148 ④

149 금속의 용융점 이하의 온도이지만 미세한 조직 변화가 발생하는 부분은 무엇인가?

① 열 영향부
② 용착 금속부
③ 용착부
④ 변질부

· 정답 풀이 ·

열 영향부는 금속의 용융점 이하 온도이지만 미세한 조직 변화가 일어나는 부분이다. 그리고 열 영향부는 변질부와 같은 말이다.

[용접부의 명칭 설명]
· **용착부**: 모재 일부가 녹아 응고된 부분
· **용접 금속부**: 용착부 부분의 금속
· **용착 금속부**: 용접봉에 의한 금속 부분으로 용가재로부터 모재에 용착한 금속의 부분

150 모재를 반용융 상태에서 기계적 힘이나 해머로 압력을 가해 접합시키는 방법은?

① 용접
② 융접
③ 압접
④ 가접

· 정답 풀이 ·

압접에 대한 설명이다.
· **용접**: 2개 이상의 금속을 가열하여 접합시키는 일반적인 방법
· **융접**: 모재를 용융 상태로 만들어 접합시키는 방법
· **가접**: 용접 중 변형을 방지하는 방법

151 플라즈마 용접에 대한 설명으로 옳지 <u>못한</u> 것은 무엇인가?

① 초고온이 되면 양전하를 띤 이온과 음전하를 띤 전자로 분리되고, 이 상태에서 국부적으로 가열하여 용접을 진행한다.
② 세라믹 재료 용접에 사용한다.
③ 온도는 대략 100,000~300,000도가 발생한다.
④ 내열강, 스테인리스강, 티타늄 합금 등 고용융점의 재료 용접에 적합하다.

· 정답 풀이 ·

온도는 10,000~30,000도가 발생한다.

정답 149 ①, ④　　　150 ③　　　151 ③

152 양면 홈 그루브 용접의 종류로 옳지 <u>못한</u> 것은 무엇인가?

① K형
② J형
③ H형
④ V형

> **• 정답 풀이 •**
>
> • 한면 홈 그루브 용접: I, L, U, V, J형
> • 양면 홈 그루브 용접: K, J, X, H형
> 📝 암기법: 한면은 I love you J! 라고 암기하면 편리하다. 양면에도 J형이 있음을 참고!

153 가스 용접에 대한 설명으로 옳지 <u>못한</u> 것은 무엇인가?

① 용접 휨은 전기 용접이 가스 용접보다 작다.
② 가스 용접은 아크 용접보다 용접 속도가 빠르다.
③ 3 [mm] 이하의 박판에 적용하는 용접이다.
④ 산소−아세틸렌 용접을 일반적으로 많이 사용하며, 발생 온도는 3000도에 육박한다.

> **• 정답 풀이 •**
>
> 가스 용접은 열의 집중성이 낮아 용접 온도가 낮고, 그에 따라 용접 속도가 느리다.

154 용접 비드 표면을 해머로 두드려 소성 변형을 발생시켜 응력을 제거하는 방법은?

① 피닝
② 피트
③ 오버랩
④ 언더컷

> **• 정답 풀이 •**
>
> 피닝의 설명이다. 그리고 피닝은 용접 후 변형을 방지하는 방법이다.
> **참고** 피트는 용착 금속부 및 모재와의 경계에서 용접 표면에 생기는 작은 구멍

정답 152 ④   153 ②   154 ①

155 접합하고자 하는 모재의 한쪽에 구멍을 뚫고 용착 금속이 구멍에 가득차게 하고 판의 표면까지 용접하여 상대 모재와 접합을 실시하는 용접은 무엇인가?

① 필렛 용접
② 플러그 용접
③ 플래시 용접
④ 겹치기 용접

• 정답 풀이 •

플러그 용접에 대한 설명이다. 반드시 암기한다.

156 겹치기 전기 저항 용접의 종류로 옳지 <u>못한</u> 것은 무엇인가?

① 점 용접
② 프로젝션 용접
③ 심 용접
④ 플래시 용접

• 정답 풀이 •

• **겹치기 저항 용접**: 점 용접, 심 용접, 프로젝션 용접
• **맞대기 저항 용접**: 플래시 용접, 업셋 용접, 맞대기 심 용접

157 용접 이음의 효율로 옳은 것은 무엇인가?

① 용접부의 중량/모재의 중량
② 용접부의 강도/모재의 강도
③ 모재의 강도/용접부의 강도
④ 모재의 중량/용접부의 중량

• 정답 풀이 •

• **용접 이음의 효율**: 용접부의 강도/모재의 강도＝형상계수(K_1)×용접 계수(K_2)

08
용접

정답 155 ② 156 ④ 157 ②

158 라멜라 티어링에 대한 설명으로 옳지 <u>못한</u> 것은 무엇인가?

① 강을 용접할 때 HAZ의 국부 열변형으로 모재 내부에 구속 응력이 발생하여 미세한 균열이 발생되는 것을 말한다.
② 수소의 집적, 망간/황 등의 비금속 개재물, 중심부 용질 편석 등이 원인이다.
③ 용접 후 팽창을 수반하는 국부적인 열변형이 원인 중 하나이다.
④ 표면과 내부의 냉각 속도 차이로 발생한다.

• 정답 풀이 •

[라멜라 티어링의 원인]
• 용접 후 수축을 수반하는 국부적인 열변형
• 예열 부족 및 표면과 내부의 냉각 속도 차이 발생
• 수소의 집적, 비금속 개재물, 용질 편석 등
• 판 두께의 구속 응력이나 두께 방향의 연성 감소

159 레이저 용접에 대한 설명으로 옳지 <u>못한</u> 것은 무엇인가?

① 이종 금속의 용접이 불가능하다.
② 정밀한 용접을 실시할 수 있다.
③ 모재에 열에 의한 변형이 거의 없는 장점이 있다.
④ 비접촉식 방식으로 모재에 손상을 주지 않는다.

• 정답 풀이 •

레이저 용접은 이종 금속의 용접이 가능하다.
참고 비열, 반사도, 열전도도가 낮을수록 효율이 좋다.

160 용접부의 결함 검사 방법의 종류로 옳지 <u>못한</u> 것은 무엇인가?

① 방사선 검사   ② 초음파 탐상
③ 시비법   ④ 육안 검사

• 정답 풀이 •

시비법은 재결정 온도 측정 방법 중 하나이다.

[용접부의 결함 검사 방법]
초음파 탐상법, 육안 검사, 방사선 검사, 과전류 검사법 등등

정답 158 ③   159 ①   160 ③

161 피복제의 역할로 옳지 <u>못한</u> 것은 무엇인가?

① 아크를 안정하게 하고, 스패터의 발생을 적게 한다.
② 용착 금속에 필요한 합금 원소를 제공한다.
③ 전기 절연 작용과 탈산 정련 작용을 한다.
④ 용착 금속의 냉각 속도를 빠르게 한다.

• 정답 풀이 •

피복제가 녹아서 연기가 되고, 이에 대기와 접촉을 방지하여 냉각 속도를 지연시킨다.

[피복제의 역할]
• 용착 효율을 높이며 스패터의 발생을 적게 한다.
• 용착 금속의 냉각 속도를 느리게 하여 급랭을 방지하고, 대기 중 산소, 질소로부터 보호한다.
• 전기 절연 작용 및 용착 금속의 탈산 정련 작용을 한다.

정답 161 ④

09 축과 축이음

162 전동축의 종류에서 주축으로부터 동력을 받아 동력을 분배하는 축은 무엇인가?

① 차축   ② 선축

③ 중간축   ④ 플렉시블축

• 정답 풀이 •

[전동축의 종류]
- **주축**: 전동기(모터)로부터 직접 동력을 받는 축
- **선축**: 주축으로부터 동력을 받아 동력을 분배하는 축
- **중간축**: 선축으로부터 동력을 받아 각각의 기계로 동력을 분배하는 축

163 굽힘과 비틀림을 동시에 받는 축으로 옳지 <u>못한</u> 것은 무엇인가?

① 프로펠러축   ② 수차축

③ 차축   ④ 스핀들축

• 정답 풀이 •

차축은 굽힘모멘트만 받는 축이며, 동력을 전달하지 않는다.

164 스핀들축에 대한 설명으로 옳지 <u>못한</u> 것은 무엇인가?

① 비틀림 작용만 받는다.
② 형상 치수가 정확한 축에 사용된다.
③ 변형량이 작은 짧은 회전축으로, 선반에서 주축으로 사용된다.
④ 동력을 전달하는 축이다.

• 정답 풀이 •

스핀들축은 주로 비틀림 작용을 받으며, 약간의 굽힘도 받는다.

정답 162 ②   163 ③   164 ①

165 회전운동 → 병진운동, 병진운동 → 회전운동으로 변환하는 곡선으로 만들어진 축은?

① 직선축
② 크랭크축
③ 플렉시블축
④ 스핀들축

· 정답 풀이 ·

- **직선축**: 축이 일직선이며, 가장 보편적으로 동력을 전달하는 축
- **플렉시블축**: 축이 휠 수 있으며, 철사나 강선을 코일 감은 것처럼 2~3겹 감은 나사모양 축

  참고 크랭크축은 내연기관 및 압축기에 사용한다.

166 축에 대한 설명으로 옳지 <u>못한</u> 것은 무엇인가?

① 선박의 프로펠러나 수차의 축은 굽힘과 압축을 동시에 받는 축이다.
② 직선축은 축이 일직선이며, 가장 보편적으로 동력을 전달하는 축이다.
③ 플렉시블축은 축이 자유롭게 움직일 수 있고, 직선축을 사용할 수 없을 때 사용한다.
④ 차축은 축의 용도에 따른 분류에 들어가는 축이다.

· 정답 풀이 ·

선박의 프로펠러나 수차의 축은 비틀림과 압축을 동시에 받는 축이다.

167 베어링과 접촉되어 내마모성이 요구되는 경우 무슨 재료의 축을 사용해야 하는가?

① 표면경화용강
② 인청동
③ 켈멧
④ 주철

· 정답 풀이 ·

- **표면경화용강**: 베어링과 접촉되어 내마모성이 요구되는 경우 표면경화용강을 사용하여 표면의 내마모성을 증대시킨다.

  암기해야 할 사항이다. 반드시 암기한다.

정답 165 ②   166 ①   167 ①

168 축이 휠 수 있으며, 철사나 강선을 코일 감은 것처럼 2~3겹 감은 나사 모양의 축은?

① 직선축
② 크랭크축
③ 플렉시블축
④ 스핀들축

· 정답 풀이 ·

암기해야 할 사항이다. 반드시 암기한다.

169 고속 회전이나 중하중 기계용에 사용되는 축의 재료는 무엇인가?

① Cr−Si강
② Ni−Cr강
③ Si−Mn강
④ Cr−V강

· 정답 풀이 ·

· Ni−Cr강: 고속 회전이나 중하중 기계용에 사용되는 축의 재료
암기해야 할 사항이다. 반드시 암기한다.

170 축의 모양에 따른 분류가 아닌 것은 무엇인가?

① 차축
② 직선축
③ 크랭크축
④ 플렉시블축

· 정답 풀이 ·

[축의 모양에 따른 분류]
직선축, 크랭크축, 플렉시블축

[축의 용도에 따른 분류]
차축, 스핀들축, 전동축

정답 168 ③   169 ②   170 ①

171 바하의 축 공식에 따르면 축의 길이 4 [m]에 대해 비틀림각을 몇 도 이내로 설계해야 하는가?

① 1도
② 0.25도
③ 2도
④ 4도

> **• 정답 풀이 •**
>
> 길이 1 [m]에 대해 비틀림각은 0.25도 이내로 설계해야 한다.
> 따라서 4 [m]는 1도!

172 바하의 축 공식에 따르면 축의 길이 1 [m]에 대해 처짐을 몇 [mm] 이내로 오도록 설계해야 하는가?

① 33 [mm]
② 0.333 [mm]
③ 3.33 [mm]
④ 0.0333 [mm]

> **• 정답 풀이 •**
>
> 암기해야 할 사항이다. 반드시 암기한다.

173 취성 재료의 분리 파손과 가장 잘 일치하며 축의 지름을 구할 때 적용하는 설은?

① 최대전단응력설
② 최대주응력설
③ 전단변형설
④ 진리설

> **• 정답 풀이 •**
>
> 취성 재료(주철)의 분리 파손과 가장 잘 일치하는 이론은 최대주응력설이고, 축 지름을 구할 때 적용한다.
> **참고** 최대전단응력설은 연강과 같은 연성재료의 미끄럼 파손에 일치한다.

174 축에 응력 집중이 생겼을 때 응력 집중 계수는 무엇과 무엇에 영향을 받는가?

① 재질과 작용하는 하중의 종류
② 노치의 형상과 재질
③ 노치의 형상과 작용하는 하중의 종류
④ 축의 중량과 재질

> **• 정답 풀이 •**
>
> 응력 집중 계수에 영향을 주는 것은 노치의 형상 및 작용하는 하중의 종류이다.
> 재질은 아무 상관이 없다.

175 축에 대한 설명으로 옳지 <u>못한</u> 것은 무엇인가?

① 동일 재료의 경우 중공축은 동일 면적을 갖는 중실축에 비해 전달할 수 있는 회전력이 크다.
② 전동축은 굽힘과 비틀림을 모두 받는 축이며, 동력을 전달할 수 있다.
③ 전동축은 상당굽힘모멘트와 상당비틀림모멘트를 사용하여 설계해야 한다.
④ 안전을 위해 축의 회전 속도는 위험 속도로부터 ±35 [%] 이상 벗어나야 한다.

> **• 정답 풀이 •**
>
> 축의 회전 속도는 위험 속도로부터 ±25 [%] 이상 벗어나야 한다. 암기한다.

176 다음 중에서 굽힘 모멘트만 받는 축은 무엇인가?

① 차축   ② 크랭크축
③ 스핀들축   ④ 전동축

> **• 정답 풀이 •**
>
> 차축은 일반적으로 굽힘 모멘트를 받으며 동력을 전달하지 않는 축이다. 또한, 용도는 자동차의 차축이나 전동차 등에 사용한다.
>
> ---
>
> **[차축의 종류]**
> • **정지 차축**: 굽힘을 받으며 동력을 전달하지 않는 축
> • **회전 차축**: 굽힘을 받으며 동력을 전달하는 축
>
> 참고 차축은 일반적으로 동력을 전달하지 않는 축으로 정의되지만, 위처럼 차축의 종류에 따라 동력 전달의 유무를 따지기도 한다.

정답 174 ③   175 ④   176 ①

177 축에 대한 설명으로 옳지 <u>못한</u> 것은 무엇인가?

① 스핀들축은 주로 굽힘을 받으며 선반의 주축에 사용하는 축으로 동력을 전달한다.
② 크랭크축은 회전운동에서 병진운동으로 바꾸어 내연기관, 압축기 등에 사용되는 축이다.
③ 정지축은 굽힘을 받으면서 동력을 전달하지 않는 축이다.
④ 회전축은 굽힘을 받으면서 동력을 전달하는 축이다.

· 정답 풀이 ·

스핀들은 주로 비틀림을 받으며 약간의 굽힘을 받는 축이다.

178 중실축에서 축의 지름을 2배 증가시키면 회전력 즉, 전달 토크는 몇 배인가?

① 1/2배
② 2배
③ 4배
④ 8배

· 정답 풀이 ·

T(토크)$=\pi \times d^3/16$이므로 지름이 2배가 되면 토크는 8배가 된다.

179 플렉시블축에 대한 설명으로 옳지 <u>못한</u> 것은 무엇인가?

① 충격 및 진동을 완화시킬 수 있다.
② 비틀림 강성과 굽힘 강성이 매우 우수하다.
③ 축이 자유롭게 변화하거나 휠 수 있는 축이다.
④ 강선을 코일 감은 것처럼 2~3겹 감은 나사 모양의 축이다.

· 정답 풀이 ·

플렉시블축은 비틀림 강성은 매우 우수하지만, 굽힘 강성은 매우 작다.

180 축에 대한 전체적인 설명으로 옳지 <u>못한</u> 것은 무엇인가?

① 축이 위험 속도에 도달하면 진폭이 점점 증가한다.
② 신축에 의한 세로 진동은 위험성이 적다.
③ 축을 설계할 때는 먼저 강도의 조건 하에서 설계한 후 강성을 검토해야 한다.
④ 전동축은 비틀림과 굽힘을 동시에 받는 축이며, 동력을 전달한다.

• 정답 풀이 •

축을 설계할 때는 먼저 강성의 조건 하에서 설계한 후 강도를 검토해야 한다. 즉, 축을 설계할 때는 먼저 강성 설계
를 하고, 그 후 강도 설계를 한다.
참고 축을 설계할 때 신축에 의한 세로 진동은 위험성이 적기 때문에 굽힘에 의한 가로 진동과 비틀림 진동을 고
려한다.

181 축의 위험 속도에 대한 정의로 옳은 것은 무엇인가?

① 축이 가지고 있는 고유 진동수와 축의 회전수가 같아질 때의 속도를 말한다.
② 축 자체의 중량과 축의 회전수가 같아질 때의 속도를 말한다.
③ 축 자중에 의한 처짐과 축의 고유 진동수가 같아질 때의 속도를 말한다.
④ 축 자중에 의한 처짐과 축의 회전수가 같아질 때의 속도를 말한다.

• 정답 풀이 •

[축의 위험 속도]
축이 원래 가지고 있던 고유 진동수와 축의 회전수가 같아질 때의 속도로 정의한다.
참고 위험 속도에 도달하면 진폭이 커지며, 1, 2차 고유진동수가 3차 고유 진동수보다 위험하다.

182 축의 지름을 3배로 증가시키면 비틀림각은 몇 배가 되는가?

① 81배
② 1/9배
③ 1/81배
④ 9배

• 정답 풀이 •

비틀림각$(\phi) = TL/GIp = 32TL/G \times \pi \times d^4$이므로 비틀림각은 1/81배가 된다.

정답 180 ③   181 ①   182 ③

183 형상치수가 정확하고 변형량이 적으며, 선반의 주축에 사용되는 축이 주로 받는 힘은 무엇인가?

① 비틀림
② 굽힘
③ 전단
④ 압축

> **• 정답 풀이 •**
>
> 문제가 설명하는 축은 바로 스핀들이다.
> 스핀들은 주로 비틀림을 받으며, 약간의 굽힘을 받는 축이다.

184 전동축의 안전율 범위는 (   )~(   )이다. 두 빈칸에 들어갈 숫자의 합은 얼마인가?

① 15
② 16
③ 17
④ 18

> **• 정답 풀이 •**
>
> 전동축의 안전율 범위는 8~10이다. 따라서 합은 8+10=18이다.

185 축에 대한 설명으로 옳지 <u>못한</u> 것은 무엇인가?

① 일반적인 보통의 축은 인청동을 많이 사용한다.
② 베어링과 접촉되어 내마모성이 요구되는 축은 표면경화용강을 사용한다.
③ 크랭크축은 미하나이트주철이나 단조강을 사용한다.
④ 고하중 및 고속 회전하는 축은 $Ni-Cr-Mo$강을 사용한다.

> **• 정답 풀이 •**
>
> 일반적인 보통의 축은 탄소강을 많이 사용한다.

186 모터로부터 직접 동력을 받는 축은 무슨 축인가?

① 주축
② 선축
③ 중간축
④ 크랭크축

· 정답 풀이 ·

[전동축의 종류]
· **주축**: 전동기(모터)로부터 직접 동력을 받는 축
· **선축**: 주축으로부터 동력을 받아 동력을 분배하는 축
· **중간축**: 선축으로부터 동력을 받아 각각의 기계로 동력을 분배하는 축

187 축을 설계할 때 고려해야 할 조건으로 옳지 <u>못한</u> 것은 무엇인가?

① 부식
② 방향
③ 위험 속도
④ 진동수

· 정답 풀이 ·

[축을 설계할 때 고려해야 할 조건]
열응력, 부식, 충격, 위험 속도, 진동수, 강성 등
강도, 변형(휨변형, 비틀림변형)

188 축의 위험 속도를 산정하는 식에 대한 설명으로 옳지 <u>못한</u> 것은 무엇인가?

① 던커레이식은 고차의 고유 진동수가 1차 고유 진동수보다 매우 크다는 사실에 기초한 것이다.
② 레이레이식은 최소 운동 에너지 값과 최소 위치 에너지 값이 같다는 사실을 이용한 식이다.
③ 레이레이식으로 계산한 축의 1차 고유 진동수는 정확한 계산값보다 크다.
④ 1차 고유 진동수보다 낮은 진동수로 회전하는 기계에서는 던커레이식을 많이 사용한다.

· 정답 풀이 ·

레이레이식은 최대 운동 에너지 값과 최대 위치 에너지 값이 같다는 사실을 이용한다.

정답 186 ①   187 ②   188 ②

189 축의 용도에 따른 분류로 옳지 <u>못한</u> 것은 무엇인가?

① 차축
② 스핀들축
③ 전동축
④ 크랭크축

· 정답 풀이 ·

[축의 모양에 따른 분류]
직선축, 크랭크축, 플렉시블축

[축의 용도에 따른 분류]
차축, 스핀들축, 전동축

190 베어링과 접촉되어 내마모성이 요구되는 축이 사용하는 재료로 적합한 것은?

① 표면경화용강
② Ni−Cr강
③ 탄소강
④ 인청동

· 정답 풀이 ·

암기가 필요한 사항이다. 반드시 암기한다.

191 고정 커플링의 종류로 옳지 <u>못한</u> 것은 무엇인가?

① 머프 커플링
② 반중첩 커플링
③ 분할 원통 커플링
④ 플렉시블 커플링

· 정답 풀이 ·

고정 커플링은 일직선 상에 있는 2개의 축을 볼트와 키로 결합할 때 사용한다.

[고정 커플링의 종류]
• 원통형 커플링: 머프 커플링, 반중첩 커플링, 마찰 원통 커플링, 분할 원통 커플링, 셀러 커플링
• 플랜지 커플링

정답 189 ④　　　190 ①　　　191 ④

192 주철제의 원통 속에서 두 축을 맞대고 키로 결합한 커플링은 무엇인가?

① 머프 커플링
② 테이퍼 슬리브 커플링
③ 반중첩 커플링
④ 클램프 커플링(분할 원통 커플링)

· 정답 풀이 ·

[머프 커플링의 특징]
• 축 지름과 하중이 작을 때 사용하며, 인장력이 작용하는 축에는 부적당
• 안전덮개를 씌어야 한다.

193 두 축이 서로 평행하거나 중심선이 서로 어긋날 때 사용하고 각속도의 변화 없이 회전력을 전달하고자 할 때 사용하는 커플링은 무엇인가?

① 셀러 커플링
② 올덤 커플링
③ 클램프 커플링
④ 마찰원통 커플링

· 정답 풀이 ·

참고 올덤커플링은 고속 회전하는 축에는 부적당하다.

194 두 축간 경사나 편심을 흡수할 수 <u>없는</u> 커플링은 무엇인가?

① 기어 커플링
② 플랜지 커플링
③ 자재 이음(훅조인트＝유니버설 커플링)
④ 러버 커플링

· 정답 풀이 ·

플랜지 커플링은 큰 축과 고속 정밀도 회전축에 사용하고, 두 축간 경사나 편심을 흡수할 수 없는 특징이 있다.

정답 192 ①   193 ②   194 ②

195 자재 이음을 사용하기 위한 가장 이상적인 두 축의 중심선 각도는?

① 5도 이하
② 20도 이하
③ 30도 이하
④ 45도 이하

· 정답 풀이 ·

[자재 이음=유니버설 커플링=훅조인트의 두 축 중심선 각도 암기]
· 가장 이상적인 각도: 5도 이하
· 일반적인 사용 각도: 30도 이하
· 사용할 수 없는 각도: 45도 이상

196 두 축간 중심선이 어느 정도 어긋나도 고속으로 회전하는 축에 사용할 수 있는 커플링은?

① 플렉시블 커플링
② 기어 커플링
③ 올덤 커플링
④ 클램프 커플링

· 정답 풀이 ·

올덤 커플링과 헷갈릴 수 있는 문제이다. 하지만 올덤 커플링은 고속 회전축에는 적당하지 않다는 것을 알고 있어야 한다. 따라서 기어 커플링이 옳다.

197 머프 커플링에 대한 특징으로 옳지 <u>못한</u> 것은 무엇인가?

① 주철제 원통 속에서 두 축을 키로 결합한 것이다.
② 축지름과 하중이 작을 때 사용하는 간단한 커플링이다.
③ 인장력이 작용하는 축에 적합하다.
④ 사용할 때 안전 덮개를 씌어야 하는 번거로움이 있다.

· 정답 풀이 ·

[머프 커플링의 특징]
· 축 지름과 하중이 작을 때 사용하며, 인장력이 작용하는 축에는 부적당하다.
· 안전덮개를 씌어야 한다.

정답 195 ①   196 ②   197 ③

198 클램프 커플링이라고 하며, 두 축을 주철 및 주강제 분할원통에 넣고 볼트로 체결하는 커플링은 무엇인가?

① 반중첩 커플링
② 분할 원통 커플링
③ 머프 커플링
④ 셀러 커플링

• 정답 풀이 •

커플링 설명이 나오면 반사적으로 어떤 커플링인지 알 수 있도록 암기해야 한다.

199 셀러 커플링에 대한 설명으로 옳지 <u>못한</u> 것은 무엇인가?

① 머프 커플링을 셀러가 개량한 커플링이다.
② 테이퍼 슬리브 커플링이라고도 불리운다.
③ 주철제 원추형이 중앙으로 갈수록 지름이 굵어진다.
④ 커플링의 바깥 통을 벨트 풀리로도 사용할 수 있다.

• 정답 풀이 •

[셀러 커플링의 특징]
• 머프 커플링을 셀러가 개량한 것으로, 테이퍼 슬리브 커플링이라고도 한다.
• 2개의 주철제 원뿔통을 3개의 볼트로 조이며, 원추형이 중앙으로 갈수록 지름이 가늘어진다.
• 커플링의 바깥 통을 벨트 풀리로도 사용할 수 있다.

200 2개로 된 원추형 원통에 2개의 축을 끼우고 2개의 링으로 결합하여 이 마찰력으로 동력을 전달할 수 있는 커플링은?

① 분할 원통 커플링
② 마찰 원통 커플링
③ 반중첩 커플링
④ 올덤 커플링

• 정답 풀이 •

2개의 링이라는 키포인트 단어가 나오면 마찰 원통이라는 것을 기억한다.
커플링 설명이 나오면 반사적으로 어떤 커플링인지 알 수 있도록 기억해야 한다.

정답 198 ② 199 ③ 200 ②

201 축의 끝을 약간 크게 만들어 기울어지게 중첩시키고 키로 고정한 커플링은?

① 반중첩 커플링
② 셀러 커플링
③ 플랜지 커플링
④ 머프 커플링

• 정답 풀이 •

반중첩 커플링은 축의 끝을 약간 크게 만들어 기울어지게 중첩시켜 키로 고정한 커플링이다.
참고 축 방향 인장력이 작용할 때 사용

202 큰 축과 고속 정밀도 회전축에 사용하는 커플링은 무엇인가?

① 플랜지 커플링
② 플렉시블 커플링
③ 기어 커플링
④ 셀러 커플링

• 정답 풀이 •

플랜지 커플링은 큰 축과 고속 정밀도 회전축에 사용한다.

203 자동차에 보편적으로 가장 많이 사용되는 커플링은 무엇인가?

① 훅조인트
② 테이퍼 슬리브 커플링
③ 플렉시블 커플링
④ 플랜지 커플링

• 정답 풀이 •

자동차가 오르막길을 오를 때, 앞바퀴와 뒷바퀴를 잇는 축이 휘어진다. 즉, 두 축의 중심선이 교차하기 때문에 자재 이음을 많이 사용한다.
참고 훅조인트＝자재 이음＝유니버설 커플링

204 플렉시블 커플링에 대한 설명으로 옳지 <u>못한</u> 것은 무엇인가?

① 회전축이 자유롭게 움직일 수 있는 장점이 있다.
② 충격 및 진동을 흡수할 수 없다.
③ 양 플랜지를 고무나 가죽으로 연결한다.
④ 탄성력을 이용한다.

● 정답 풀이 ●

① 회전축이 자유롭게 움직일 수 있는 장점이 있다.
② 충격 및 진동을 흡수할 수 있다.
③ 양 플랜지를 고무나 가죽으로 연결한다.
④ 탄성력을 이용한다.

205 올덤 커플링에 대한 설명으로 옳지 <u>못한</u> 것은 무엇인가?

① 두 개의 축이 평행하거나 약간 어긋나 있을 때 사용한다.
② 두 축간거리가 짧거나 편심되어 있을 때 사용한다.
③ 각속도의 변화없이 회전력을 전달할 때 사용한다.
④ 고속으로 회전하는 축에 적합하다.

● 정답 풀이 ●

[올덤커플링의 특징]
• 두 축이 평행하거나 약간 어긋날 때 사용
• 두 축간거리가 짧거나 편심되어 있을 때 사용
• 각속도의 변화없이 회전력을 전달할 때 사용하며, 고속에는 부적당

206 2개의 축이 같은 평면상에 있으면서 그 중심선이 30도 이하로 마주치고 있을 때 사용하는 커플링은?

① 유니버설 커플링
② 훅조인트
③ 자재 이음
④ 유니버설조인트

● 정답 풀이 ●

유니버설 커플링＝훅조인트＝자재 이음＝유니버설조인트

정답   204 ②   205 ④   206 모두 맞음

207 유니버설 커플링에 대한 설명으로 옳지 <u>못한</u> 것은 무엇인가?

① 두 축의 중심선이 5도 이하로 만날 때 가장 이상적이다.
② 두 축의 중심선이 45도 이하이면 사용할 수 없다.
③ 일반적으로 두 축의 중심선이 30도 이하일 때 사용하는 커플링이다.
④ 자동차에 많이 사용되는 커플링의 일종이다.

· 정답 풀이 ·

[유니버설 커플링의 특징]
• 2개의 축이 같은 평면상에 있으면서 그 중심선이 30도 이하로 교차하고 있을 때 사용
• 가장 이상적인 각도는 5도 이하이며, 일반적인 사용 각도는 30도 이하
• 45도 이상이면 사용할 수 없다.
• 자동차의 동력 전달 장치에 가장 많이 사용하는 커플링

208 분할 원통 커플링에 대한 설명으로 옳지 <u>못한</u> 것은 무엇인가?

① 클램프 커플링이라고 하며, 축의 양쪽으로 분할된 반원통 커플링으로 축을 감싸 축을 연결한다.
② 공작기계에 가장 일반적으로 많이 사용한다.
③ 전달하고자 하는 동력이 작으면 키를 사용하지 않는다.
④ 전달하고자 하는 동력이 크면 미끄럼키를 사용한다.

· 정답 풀이 ·

분할 원통 커플링은 전달하고자 하는 동력 즉, 전달 토크가 크면 평행키를 사용한다.

209 플랜지 커플링에 대한 설명으로 옳지 <u>못한</u> 것은 무엇인가?

① 두 축간 경사나 편심을 흡수할 수 없다.
② 큰 축이나 고속 정밀도 회전축에 사용한다.
③ 양쪽에 플랜지를 각각 끼워 키로 고정하고 플랜지를 관통볼트로 결합한다.
④ 토크의 전달에 대한 신뢰성이 좋다. 즉, 토크를 정밀하고 정확하게 전달할 수 있다.

· 정답 풀이 ·

플랜지 커플링은 양쪽에 플랜지를 각각 끼워 키로 고정한 후 플랜지를 리머 볼트로 결합한다.

정답 207 ② 208 ④ 209 ③

210 커플링에 대한 설명으로 옳지 <u>못한</u> 것은 무엇인가?

① 두 축이 어긋나는 경우에는 올덤 커플링을 사용하는 것이 적합하다.
② 두 축이 어느 각도로 교차하는 경우에는 유니버설 커플링을 사용하는 것이 적합하다.
③ 두 축이 동일축선상에 놓여있는 경우에는 고정 커플링을 사용하는 것이 적합하다.
④ 축 방향 인장력이 작용하는 경우에는 머프 커플링을 사용하는 것이 적합하다.

> ● 정답 풀이 ●
>
> 머프 커플링은 인장력이 작용하는 축에는 부적당하다.
> 축 방향 인장력이 작용하는 축에는 반중첩 커플링을 사용해야 한다.

211 윤활과 관련된 문제와 원심력에 의한 진동 문제로 인해 고속 회전에 부적당한 커플링은?

① 유니버설 커플링
② 플랜지 커플링
③ 올덤 커플링
④ 기어 커플링

> ● 정답 풀이 ●
>
> 올덤 커플링이 고속회전하는 축에 부적당한 이유는 윤활과 관련된 문제와 원심력에 의한 진동 문제 때문이다.

212 축 이음에 대한 설명으로 옳지 <u>못한</u> 것은 무엇인가?

① 커플링은 운전 중에 탈착할 수 없는 영구적 축이음이다.
② 클러치는 운전 중에 탈착할 수 있는 반영구적 축이음이다.
③ 머프 커플링과 올덤 커플링은 고정커플링에 포함된다.
④ 자동차의 동력 전달 장치에 가장 적합한 축 이음은 자재 이음이다.

> ● 정답 풀이 ●
>
> 올덤 커플링은 고정 커플링에 포함되지 않는다.
> --
> [고정 커플링의 종류]
> • 원통형 커플링: 머프 커플링, 반중첩 커플링, 마찰 원통 커플링, 분할 원통 커플링, 셀러 커플링
> • 플랜지 커플링

정답 210 ④   211 ③   212 ③

213 유니버설 커플링에서 각속도비는 축이 몇 회전할 때마다 최소 $\cos\phi$에서 최대 $1/\cos\phi$ 사이에서 변하는가?

① 1/3회전   ② 4회전

③ 1/4회전   ④ 3회전

• 정답 풀이 •

암기해야 할 사항이다. 반드시 암기한다.

214 유니버설 커플링에서 축의 각속도를 같게 하려면 조인트가 몇 개 필요한가?

① 2개   ② 3개

③ 4개   ④ 5개

• 정답 풀이 •

암기해야 할 사항이다. 반드시 암기한다.

215 유니버설 커플링에서 각속도비는 축이 1/4회전할 때마다 최소 (　　　)에서 최대 (　　　) 사이에서 변한다. 그 범위는?

① 최소 $\cos\phi$ ~ 최대 $1/\cos\phi$

② 최소 $1/\cos\phi$ ~ 최대 $\cos\phi$

③ 최소 $1/\sin\phi$ ~ 최대 $1/\sin\phi$

④ 최소 $\tan\phi$ ~ 최대 $1/\tan\phi$

• 정답 풀이 •

유니버설 커플링의 각속도비는 축이 1/4회전할 때마다 최소 $\cos\phi$~ 최대 $1/\cos\phi$ 사이에서 변한다.

[참고] 두 축의 교차각(A), 구동축의 회전각(ϕ), 종동축의 회전각(∂)

• $\tan\partial = \tan\phi\,\cos A$

• 각속도비 $= \cos A / 1 - \sin^2(\phi)\sin^2(A)$

216 2개의 주철제 원추통을 3개의 볼트로 결합하는 커플링은 무엇인가?

① 테이퍼 슬리브 커플링
② 머프 커플링
③ 반중첩 커플링
④ 플랜지 커플링

· 정답 풀이 ·

암기해야 할 사항이다. 반드시 암기한다.

217 커플링의 바깥 통을 벨트 풀리로도 사용할 수 있는 커플링은?

① 테이퍼 슬리브 커플링
② 기어 커플링
③ 고무 커플링
④ 머프 커플링

· 정답 풀이 ·

- **테이퍼 슬리브 커플링(셀러 커플링)**: 커플링의 바깥 통을 벨트 풀리로 사용할 수 있는 커플링
- **고무 커플링**: 고무로 두 축을 연결하는 간단한 커플링으로, 유연성을 확보할 수 있다.
- **기어 커플링**: 두 축이 약간 어긋나도 고속 회전축에 사용할 수 있는 커플링
- **머프 커플링**: 주철제 원통 속에서 두 축을 키로 결합한 커플링으로, 축지름과 하중이 작을 때 사용하는 간단한 커플링이며, 인장력이 작용하는 축에는 부적당하다.

218 두 축의 중심선을 완전히 일치시키기 어렵거나 진동과 토크의 변동이 심할 때 사용하는 커플링은 무엇인가?

① 플랜지 커플링
② 올덤 커플링
③ 테이퍼 슬리브 커플링
④ 플렉시블 커플링

· 정답 풀이 ·

플렉시블 커플링은 양플랜지를 고무나 가죽으로 결합하여 진동이나 충격을 흡수할 수 있으며, 토크의 변동이 심할 때 사용한다.

정답 216 ① 217 ① 218 ④

219 두 축이 평행하거나 어긋나 있거나 편심되어 있을 때 사용하는 커플링은?

① 셀러 커플링
② 플랜지 커플링
③ 반중첩 커플링
④ 올덤 커플링

• 정답 풀이 •

• **올덤 커플링**: 두 축이 평행하거나 어긋나 있거나 편심되어 있을 때 사용하는 커플링
암기해야 할 사항이다. 반드시 암기한다.

220 원통형 커플링에 포함되지 <u>않는</u> 커플링은 무엇인가?

① 머프 커플링
② 반중첩 커플링
③ 셀러 커플링
④ 플랜지 커플링

• 정답 풀이 •

[고정 커플링의 종류]
• **원통형 커플링**: 머프 커플링, 반중첩 커플링, 마찰 원통 커플링, 분할 원통 커플링, 셀러 커플링
• **플랜지 커플링**

221 클러치를 설계할 때 고려사항으로 옳지 <u>못한</u> 것은 무엇인가?

① 두 축을 단속하는 데 무리가 없어야 한다.
② 소형 및 경량이어야 한다.
③ 관성력을 크게 한다.
④ 접촉면의 마모를 고려해야 한다.

• 정답 풀이 •

[클러치 설계 고려사항]
소형 및 경량으로 하여 관성력을 작게 한다.

222 맞물림 클러치에 대한 특징으로 옳지 <u>못한</u> 것은 무엇인가?

① 미끄럼이 없어 정확한 속도비를 자랑한다.
② 결합 시 충격을 수반한다.
③ 소형 및 경량화로 설계해야 한다.
④ 회전수를 크게 설계한다.

• 정답 풀이 •

[맞물림 클러치의 특징]
• 미끄럼이 없어 정확한 속도비를 얻을 수 있다.
• 결합 시 충격을 수반한다.
• 소형 및 경량화로 설계하여 관성력을 작게 한다. (클러치 설계의 가장 중요한 부분)
• 회전수가 크면 부적당하다. (회전수가 빠르면 맞물린 이가 빠질 수 있다.)

223 축에 접촉한 면을 증대시켜 그 마찰로 동력을 전달하는 클러치는 무엇인가?

① 맞물림 클러치
② 마찰 클러치
③ 유체 클러치
④ 원판 클러치

• 정답 풀이 •

마찰 클러치는 축과 접촉된 부분의 면적을 크게 하여 마찰력을 높인 후 동력을 전달한다.
참고 마찰 클러치의 마찰면 한쪽은 금속으로, 다른 쪽은 가죽, 고무, 목재를 사용한다.

224 유체 클러치의 특징으로 옳지 <u>못한</u> 것은 무엇인가?

① 펌프축을 원동기에 터빈축을 부하에 결합하여 동력을 전달한다.
② 원동축에 고하중을 가해도 종동축에 힘을 받지 않는다.
③ 축의 비틀림 진동과 충격을 완화하지만 역회전은 불가능하다.
④ 자동 변속할 수 있다.

• 정답 풀이 •

[유체 클러치의 특징]
• 원동축에 고하중을 가해도 종동축에 힘을 받지 않아 무리가 가지 않는다.
• 축의 비틀림 진동과 충격을 완화하며 역회전이 가능하고, 자동 변속할 수 있다.

정답 222 ④   223 ②   224 ③

225 맞물림 클러치의 원동축의 턱을 가진 플랜지는 축에 핀으로 고정되어 있다. 하지만 종동축의 플랜지는 (   ) 키를 사용하여 축 방향으로 이동할 수 있다. 이 키는 무엇인가?

① 안내 키
② 핀 키
③ 우드러프 키
④ 케네디 키

· 정답 풀이 ·

맞물림 클러치 종동축의 플랜지는 패더 키＝안내 키＝미끄럼 키를 사용하여 축 방향으로 이동할 수 있다.

226 맞물림 클러치에서 한쪽 방향으로만 회전하는 턱의 형태는 무엇인가?

① 스파이럴형
② 사다리꼴
③ 삼각형
④ 사각형

· 정답 풀이 ·

[맞물림 클러치 턱의 형태]
· 삼각형, 사각형, 사다리꼴: 회전 방향에 문제가 없다.
· 스파이럴형, 톱니형: 한쪽 방향으로만 회전한다.

227 운전 중에도 두 축을 빠르게 단속할 수 있는 축 이음은 무엇인가?

① 올덤 커플링
② 독 클러치
③ 유니버설 커플링
④ 자재 이음

· 정답 풀이 ·

클러치는 운전 중에도 빠르게 두 축을 단속할 수 있고, 탈착 가능한 반영구적인 축 이음이다.
참고 독클러치＝클로 클러치＝맞물림 클러치

228 동력을 역방향에서 전달시키지 못하며 자전거에 사용되는 클러치는 무엇인가?

① 일방향 클러치
② 독 클러치
③ 마찰 클러치
④ 원판 클러치

• 정답 풀이 •

암기가 필요한 사항이니 반드시 암기한다.

229 축 이음에 대한 설명으로 옳지 **못한** 것은 무엇인가?

① 원추 클러치는 원판 클러치보다 큰 동력을 전달할 수 있다.
② 사각형 맞물림 클러치는 삼각형 맞물림 클러치보다 큰 하중의 전달에 적합하다.
③ 축 방향 하중이 같으면 다판 클러치의 전달 토크는 단판 클러치의 전달 토크보다 크다.
④ 원판 클러치에서 큰 토크를 전달하기 위해서 접촉 압력을 크게 한다.

• 정답 풀이 •

축 방향 하중을 100이라고 가정하면, 다판 클러치에서 여러 개의 원판이 100이라는 축 방향 하중을 각각 나누어 받을 것이다. 5개의 원판이라면 각각 20씩 나누어 받을 것이고, 각각의 토크는 마찰계수 $\times 20 \times D/2$이고, 거기에 판수 5를 곱하면 전체 토크가 계산된다. 결국 단판 클러치의 마찰계수 $\times 100 \times D/2$의 토크 값과 같아진다.
즉, 축 방향 하중이 같으면 단판 클러치와 다판 클러치의 전달 토크는 동일하다.

230 축 이음에 대한 설명으로 옳지 **못한** 것은 무엇인가?

① 마찰 클러치는 원동축과 종동축의 원판이 서로 접촉하여 그 마찰력으로 동력을 전달하기 때문에 마멸이 발생하기 쉬운 구조이다.
② 독클러치는 회전수가 크면 부적당하다.
③ 원추 클러치의 원뿔각은 10~15도 범위이다.
④ 클러치를 설계할 때 대표적인 고려사항은 효율을 높이기 위해 관성력을 크게 하는 것이다.

• 정답 풀이 •

클러치 설계할 때 대표적인 고려사항은 소형 및 경량으로 하여 관성력을 줄이는 것이다.

정답 228 ①   229 ③   230 ④

231 단판 클러치에 작용하는 축 방향의 하중이 $3,000$ [N], 평균 직경이 500 [mm], 마찰계수는 0.3일 때, 전달토크는 얼마인가?

① $225,000$ [N]×[mm]
② $325,000$ [N]×[mm]
③ $425,000$ [N]×[mm]
④ $450,000$ [N]×[mm]

· 정답 풀이 ·

전달토크(T)＝마찰계수×P×D_m/2 이므로 $0.3 \times 3000 \times 500/2 = 225,000$ [N]×[mm]

232 일정량 이상의 과하중이 피동축에 가해지면 접촉면이 미끄러져 하중이 원동축에 작용하지 <u>않는</u> 클러치는 무엇인가?

① 마찰 클러치
② 유체 클러치
③ 맞물림 클러치
④ 클로 클러치

· 정답 풀이 ·

[마찰 클러치의 특징]
• 과하중이 피동축에 걸려도 접촉면이 미끄러져 하중이 원동축에 작용하지 않는다.
• 한쪽은 금속으로 하며, 다른 쪽은 가죽, 목재, 고무로 한다.

10 베어링

233 미끄럼 베어링의 구성 요소가 <u>아닌</u> 것은 무엇인가?

① 베어링메탈
② 베어링하우징
③ 윤활부
④ 전동체

• 정답 풀이 •

전동체(롤러 및 볼)는 구름 베어링의 구성 요소이다.

[미끄럼 베어링의 구성]
• 베어링메탈: 접촉면의 마찰을 줄이고, 저널의 마모를 방지한다.
• 베어링 하우징: 베어링메탈을 지지하는 역할을 한다.
• 윤활부: 축과 베어링 사이에 윤활유를 넣어 마찰을 감소시키는 부분이다.

234 저널의 종류로 옳지 <u>못한</u> 것은 무엇인가?

① 가로 저널
② 추력 저널
③ 피봇 저널
④ 세로 저널

• 정답 풀이 •

[저널의 종류]
• 레이디얼 저널(축 직각 방향의 하중 지지): 끝 저널, 중간 저널
• 스러스트 저널(축 방향의 하중 지지): 피봇 저널, 칼라 저널
• 그 외의 저널: 가로 저널, 원추 저널, 추력 저널

235 단위 시간당 마찰일량은 무엇을 말하는가?

① 마찰 손실 동력
② 정격 수명
③ 압력 속도 계수
④ 베어링 수명

• 정답 풀이 •

마찰일량/단위시간 ➡ 시간당 일이면 동력(W)의 단위가 나올 수밖에 없다.

정답 233 ④   234 ④   235 ①

236 베어링메탈의 요구 조건으로 옳지 **못한** 것은 무엇인가?

① 충분한 강도와 강성을 가져야 한다.
② 피로강도가 우수해야 한다.
③ 축 재질보다 면압 강도가 우수해야 한다.
④ 열전도율이 작아야 한다.

• 정답 풀이 •

열전도율이 커야 베어링이 회전할 때 발생하는 열을 사방으로 발산시켜 과열을 방지할 수 있다.

[베어링메탈의 요구 조건]
• 피로 강도가 커야 하며, 열이 한곳에 집중되는 것을 막기 위해 열전도율이 높아야 한다.
• 충분한 강도 및 강성을 가져야 하고, 유막 형성이 쉬어야 하며, 내식성이 우수해야 한다.

237 미끄럼 베어링에 대한 특징으로 옳지 **못한** 것은 무엇인가?

① 충격에 강하다.
② 구조가 간단하며, 고속 회전이 가능하다.
③ 공진 영역을 지나 운전될 수 있다.
④ 규격화되어 호환성이 우수하다.

• 정답 풀이 •

미끄럼 베어링은 자체 제작한다. 규격화되어 호환성이 우수한 것은 구름 베어링이다.

238 윤활유에 따른 유막의 두께가 충분하여 완전 윤활이라고 하며, 마찰 계수가 매우 작은 마찰은 무엇이라고 하는가?

① 건조 마찰　　　　　　　　　② 고체 마찰
③ 유체 마찰　　　　　　　　　④ 경계 마찰

• 정답 풀이 •

[마찰면 상태에 따른 분류]
• 고체 마찰: 접촉면에 윤활유가 없는 마찰이며, 건조 마찰이라고도 한다.
• 유체 마찰: 윤활유에 따른 유막 두께가 충분하여 완전 윤활이라고 하며, 마찰 계수가 작다.
• 경계 마찰: 고체 마찰과 유체 마찰의 중간 상태의 마찰이며, 유막이 얇은 상태이다.

정답 236 ④　　　237 ④　　　238 ③

239 완전 윤활에 대한 설명으로 옳지 **못한** 것은 무엇인가?

① 윤활유에 따른 유막의 두께가 충분한 상태이다.
② 유체 마찰이라고도 한다.
③ 마찰 계수가 작다.
④ 물체의 표면 상태와 재질과 관련이 있다.

· 정답 풀이 ·

완전 윤활은 유체 마찰이라고 하며, 물체의 표면 상태와 재질과는 무관하다.

240 내연기관의 크랭크축에 급유하는 방법은?

① 비말 급유법　　　　　　　　② 펌프 급유법
③ 패드 급유법　　　　　　　　④ 적하급유법

· 정답 풀이 ·

[급유 방법]
· **비말 급유법**: 내연기관의 크랭크축에 사용하는 급유 방법이다.
· **패드 급유법**: 무명이나 털 등을 섞어 만든 패드 일부를 오일 통에 담구어 저널의 아래 면에 모세관 현상으로 급유하는 방법이다.
· **적하 급유법**: 오일컵을 사용하여 모세관 현상으로 급유한다. 마찰면이 넓거나 시동되는 횟수가 많을 때, 고속 회전 및 중하중용 소형 베어링에 사용한다.
· **강제 급유법**: 펌프의 압력으로 강제 급유하는 방법으로, 고속 회전으로 인해 고온이 발생하는 개소를 냉각할 필요가 있을 때 또는 베어링 주위가 고온인 경우에 많이 사용한다.
· **펌프 급유법**: 고속 내연기관에 사용하는 급유 방법이다.

241 철도 차량용으로 사용하는 급유 방법은?

① 패드급유법　　　　　　　　② 비말급유법
③ 링급유법　　　　　　　　　④ 적하급유법

· 정답 풀이 ·

암기가 필요한 사항이다. 반드시 급유 방법 모두 암기한다.

정답 239 ④　　　240 ①　　　241 ①

242 링 급유법에 대한 설명으로 옳지 **못한** 것은 무엇인가?

① 베어링 아래에 윤활유를 채우고 축에 링을 걸쳐 놓는다.
② 걸쳐 놓은 링이 축이 회전하면 함께 회전하여 윤활유를 위쪽으로 공급하게 된다.
③ 저속~고속까지 윤활 능력이 우수하다.
④ 베어링 윤활 방법 중 하나이다.

• 정답 풀이 •

링 급유법은 저속에서 윤활이 불량하다.

243 펌프의 압력으로 강제 급유하는 방법으로 고속 회전으로 인해 고온이 발생하는 개소를 냉각할 필요가 있을 때 또는 베어링 주위가 고온인 경우에 많이 사용하는 급유법은?

① 패드 급유법　　　　　　　　　　② 강제 급유법
③ 비말 급유법　　　　　　　　　　④ 적하 급유법

• 정답 풀이 •

[급유 방법]
• **비말 급유법**: 내연기관의 크랭크축에 사용하는 급유 방법이다.
• **패드 급유법**: 무명이나 털 등을 섞어 만든 패드 일부를 오일 통에 담구어 저널의 아래 면에 모세관 현상으로 급유하는 방법이다.
• **적하 급유법**: 오일컵을 사용하여 모세관 현상으로 급유한다. 마찰면이 넓거나 시동되는 횟수가 많을 때, 고속 회전 및 중하중용 소형 베어링에 사용한다.
• **강제 급유법**: 펌프의 압력으로 강제 급유하는 방법으로, 고속 회전으로 인해 고온이 발생하는 개소를 냉각할 필요가 있을 때 또는 베어링 주위가 고온인 경우에 많이 사용한다.
• **펌프 급유법**: 고속 내연기관에 사용하는 급유 방법이다.

244 고속 내연기관의 급유에 사용하는 방법은 무엇인가?

① 펌프 급유법　　　　　　　　　　② 순환 급유법
③ 비말 급유법　　　　　　　　　　④ 적하 급유법

• 정답 풀이 •

암기가 필요한 사항이다. 반드시 급유 방법 모두 암기한다.

정답 242 ③　　　　243 ②　　　　244 ①

245 적하 급유법에 대한 설명으로 옳지 <u>못한</u> 것은 무엇인가?

① 마찰면이 넓을 때 사용한다.
② 오일컵을 이용하여 모세관 현상으로 급유한다.
③ 고속 회전 및 중하중용 소형 베어링에 적합하다.
④ 시동 횟수가 적을 때 사용한다.

▶ 정답 풀이 ◀

[적하 급유법]
• 마찰면이 넓을 때, 시동 횟수가 많을 때 사용한다.
• 오일컵을 이용하여 모세관 현상으로 급유하며, 고속 회전 및 중하중용 소형 베어링에 적합!

246 베어링 내 허용 온도는 몇 도를 넘지 말아야 하는가?

① 50도 　　　　　　　　　② 60도
③ 70도 　　　　　　　　　④ 80도

▶ 정답 풀이 ◀

암기가 필요한 사항이다.

247 볼베어링에서 수명에 대한 설명으로 옳은 것은?

① 베어링에 작용하는 하중의 (10/3)승에 반비례한다.
② 베어링에 작용하는 하중의 (3)승에 비례한다.
③ 베어링에 작용하는 하중의 (10/3)승에 비례한다.
④ 베어링에 작용하는 하중의 (3)승에 반비례한다.

▶ 정답 풀이 ◀

볼베어링에 대한 문제이므로 베어링의 수명시간 식에서 r은 3이다. 따라서 답은 ④번이다.

베어링의 수명시간: $L_h = 500 \times \dfrac{33.3}{N} \times \left(\dfrac{C}{P}\right)^r$

$\left[$ 단, N: 회전수, C: 정격하중, P: 베어링 하중이며, r이 볼베어링이면 3, 롤러베어링이면 $\dfrac{10}{3}$이다. $\right]$

정답 245 ④ 　　246 ② 　　247 ④

248 베어링에 대한 설명으로 옳지 <u>못한</u> 것은 무엇인가?

① 베어링 내의 허용 온도는 60도를 넘어서는 안된다.
② 유막의 온도는 베어링 표면 온도보다 5~10도 정도 낮다.
③ 베어링의 과열을 방지하려면 발열 계수가 허용 한도 내에 있어야 한다.
④ 미끄럼 베어링은 공진 영역을 지나 운전될 수 있다.

• 정답 풀이 •

유막 온도는 베어링 표면 온도보다 5~10도 더 높다.

249 베어링에 대한 설명으로 옳지 <u>못한</u> 것은 무엇인가?

① 미끄럼 베어링은 윤활유가 있기 때문에 고온에 약한 단점이 있다.
② 베어링메탈은 축 재료보다 단단하면서 압축 강도가 커야 한다.
③ 롤러 베어링은 접촉 길이가 길어 볼베어링보다 마찰력이 크다.
④ 베어링 설계 시 마찰 저항이 작아야 한다.

• 정답 풀이 •

베어링메탈은 축 재료보다 연해야 한다.

250 베어링 설계 시 주의사항으로 옳지 <u>못한</u> 것은 무엇인가?

① 마찰 저항이 커야 한다.
② 열전도율이 커야 한다.
③ 피로 강도가 우수해야 한다.
④ 면압 강도가 우수해야 한다.

• 정답 풀이 •

[베어링 설계 주의사항]
• 피로 강도가 우수해야 하며, 면압 강도 및 축압 강도가 우수해야 한다.
• 열전도율을 크게 하여 열의 집중을 막아 과열을 방지한다.

정답 248 ②   249 ②   250 ①

251 베어링에 대한 설명으로 옳지 <u>못한</u> 것은 무엇인가?

① 구름 베어링은 점 접촉 또는 선 접촉을 하며 고속에 가능하다.
② 미끄럼 베어링은 면 접촉을 하며 비교적 큰 힘이 작용하는 곳에 사용한다.
③ 구름 베어링은 동력 손실이 크다.
④ 미끄럼 베어링은 진동이 없는 안정적인 운동을 한다.

• 정답 풀이 •

[미끄럼 베어링의 특징]
• 마찰에 의한 동력 손실이 크고, 충격에 강하며, 큰 힘을 받는 곳에 사용한다.
• 면 접촉을 하며 축과 접촉면이 넓어 진동이 없는 안정적인 운동이 가능하다.

[구름 베어링의 특징]
• 축과의 접촉면이 좁아 마찰에 의한 동력 손실이 작고 충격에 약하다.
• 볼베어링은 점 접촉에 의해 운동하며, 롤러 베어링은 선 접촉에 의해 운동한다.

참고 공진 영역에서는 구름 베어링이 더 고속으로 가능하나 미끄럼 베어링이 공진 영역을 벗어나 운전 가능하기 때문에 공진 영역 밖에서는 미끄럼 베어링이 더 고속이라고 간주한다. 하지만 공진에 관한 말이 없으면 저자는 미끄럼 베어링이 구름 베어링보다 더 고속으로 선택한다.

252 구름 베어링의 특징으로 옳지 <u>못한</u> 것은 무엇인가?

① 축과의 접촉면이 좁아 마찰에 의한 동력 손실이 작다.
② 충격에 강하다
③ 규격화되어 호환성이 우수하다.
④ 축과 베어링 하우징에 내륜/외륜이 장착되기 때문에 끼워맞춤에 주의해야 한다.

• 정답 풀이 •

[미끄럼 베어링의 특징]
• 마찰에 의한 동력 손실이 크고 충격에 강하며 큰 힘을 받는 곳에 사용한다.
• 면 접촉을 하며 축과 접촉면이 넓어 진동이 없는 안정적인 운동이 가능하다.

[구름 베어링의 특징]
• 축과의 접촉면이 좁아 마찰에 의한 동력 손실이 작고 충격에 약하다.
• 볼베어링은 점 접촉에 의해 운동하며, 롤러 베어링은 선 접촉에 의해 운동한다.
• 규격화되어 호환성이 우수하다.
• 축과 베어링 하우징에 내륜/외륜이 장착되기 때문에 끼워맞춤에 주의해야 한다.

정답 251 ③   252 ②

253 일반적으로 베어링을 끼워맞춤할 때 어떤 끼워맞춤을 하는가?

① 내륜과 외륜의 억지끼워맞춤
② 외륜과 하우징의 헐거운 끼워맞춤
③ 내륜과 하우징의 헐거운 끼워맞춤
④ 외륜과 하우징의 억지끼워맞춤

> **·정답 풀이·**
>
> 일반적으로 베어링을 끼워맞춤할 때 열팽창을 고려하여 외륜과 하우징의 헐거운 끼워맞춤을 한다.
> 🖉 **암기법**: 웨하스 헐~~ 맛있다!

254 구름 베어링의 구성 요소가 <u>아닌</u> 것은 무엇인가?

① 외륜
② 내륜
③ 전동체
④ 베어링하우징

> **·정답 풀이·**
>
> **[구름 베어링의 구성 요소]**
> 내륜, 전동체(볼, 롤러), 외륜, 리테이너

255 구름 베어링의 구성에서 전동체와 리테이너는 무슨 접촉을 하는가?

① 구름 접촉
② 면 접촉
③ 미끄럼 접촉
④ 점 접촉

> **·정답 풀이·**
>
> • **내륜–전동체–외륜**: 구름 접촉!
> • **전동체–리테이너**: 미끄럼 접촉!

정답 253 ② 254 ④ 255 ③

256 좀머펠트 수에 대한 설명으로 옳은 것은?

① 베어링을 설계할 때 좀머펠트 수가 같다면 같은 베어링으로 간주한다.
② 베어링을 설계할 때 좀머펠트 수가 같다면 다른 베어링으로 간주한다.
③ 베어링을 설계할 때 좀머펠트 수가 다르면 같은 베어링으로 간주한다.
④ 베어링을 설계할 때 좀머펠트 수가 다르면 다른 베어링으로 간주한다.

• 정답 풀이 •

베어링을 설계할 때 좀머펠트 수가 같다면 같은 베어링으로 간주한다.
 • 좀머펠트 수: 무차원화된 베어링의 지지 가능한 하중을 말한다.

257 베어링 및 저널에 대한 설명으로 옳지 <u>못한</u> 것은 무엇인가?

① 스러스트 베어링은 축 방향으로 작용하는 하중을 받는다.
② 레이디얼 베어링은 축의 직각 방향으로 작용하는 하중을 받는다.
③ 스러스트 저널은 피봇저널과 칼라저널이 있다.
④ 미끄럼 베어링은 윤활장치를 사용하기 때문에 유지 및 보수가 쉽다.

• 정답 풀이 •

미끄럼 베어링은 베어링의 마모를 방지하기 위해 이에 따른 윤활 장치가 필요하기 때문에 유지 및 보수가 어렵다.

258 미끄럼 베어링에 대한 설명으로 옳지 <u>못한</u> 것은 무엇인가?

① 유막의 상태가 우수하므로 소음과 진동 발생이 거의 없다.
② 규격화가 되어 있어 호환성이 우수하다.
③ 윤활 장치가 필요하기 때문에 유지 및 보수가 어렵다.
④ 동력 손실이 크다.

• 정답 풀이 •

규격화가 되어 호환성이 우수한 베어링은 구름 베어링이다.

정답 256 ① 257 ④ 258 ②

259 베어링에 대한 설명으로 옳지 <u>못한</u> 것은 무엇인가?

① 베어링 재료는 과열을 방지하기 위해 열전도율이 커야 한다.
② 베어링 압력은 하중을 압력이 작용하는 축의 표면적으로 나눈 값이다.
③ 베어링은 축 반경 방향으로 작용하는 하중을 지지한다.
④ 베어링이 축을 지지하는 위치에 따라 끝저널 또는 중간저널로 구분한다.

• 정답 풀이 •

베어링 압력은 하중을 압력이 작용하는 축의 투영면적($d \times L$)으로 정의된다.

260 지름이 5 [mm]이며 길이가 100 [mm]인 저널에 3,000 [N]의 하중이 작용한다면 베어링 압력은 얼마인가?

① 6 [N/mm²]
② 7 [N/mm²]
③ 8 [N/mm²]
④ 9 [N/mm²]

• 정답 풀이 •

베어링의 압력＝$P/d \times L$이므로 $3000/5 \times 100 = 6$ [N/mm²]으로 계산된다.

261 완전 윤활과 불완전 윤활의 한계점은 무엇인가?

① 윤활점
② 임계점
③ 삼중점
④ 엔드점

• 정답 풀이 •

[임계점의 정의]
마찰계수가 최소가 되는 점으로 완전 윤활과 불완전 윤활의 한계점

정답 259 ②   260 ①   261 ②

262 베어링에 의해 지지되는 축의 부분 또는 베어링이 축과 접촉되는 부분을 무엇이라고 하는가?

① 저널   ② 리테이너
③ 내륜   ④ 외륜

> • 정답 풀이 •
>
> 베어링에 의해 지지되는 축의 부분 또는 베어링이 축과 접촉되는 부분은 저널이다.

263 구름 베어링의 구성 요소 중에서 볼이나 롤러의 간격을 일정하게 유지해 주며, 소음과 진동을 방지해주는 것은?

① 내륜   ② 외륜
③ 리테이너   ④ 전동체(롤러, 볼)

> • 정답 풀이 •
>
> [리테이너의 역할]
> • 롤러나 볼의 간격을 일정하게 유지시켜 준다.
> • 소음과 진동 발생을 줄여 주는 역할을 한다.
> 참고 리테이너의 재료로는 탄소강, 청동, 경합금, 베이클라이드가 사용된다.

264 미끄럼 베어링의 특징으로 옳지 <u>못한</u> 것은 무엇인가?

① 고하중에 견딜 수 있다.
② 구조가 간단하며 값이 저렴하다.
③ 충격에 잘 견딜 수 있다.
④ 규격화되어 호환성이 좋다.

> • 정답 풀이 •
>
> [미끄럼 베어링의 특징]
> • 큰 하중에 견디며 구조가 간단하고 값이 저렴하고 소음과 진동이 적다.
> • 충격에 강하며, 고속회전을 할 수 있다.

정답 262 ①   263 ③   264 ④

265 축의 직각 방향으로 작용하는 하중을 받는 베어링은?

① 레이디얼 베어링
② 스러스트 베어링
③ 마그네토 베어링
④ 테이퍼 베어링

· 정답 풀이 ·

축의 직각 방향으로 하중을 받는 것은 레이디얼이며, 축 방향으로 받는 것은 스러스트이다.

266 베어링 설계 시 주의사항이 <u>아닌</u> 것은 무엇인가?

① 마찰 저항이 크고, 피로 강도가 우수해야 한다.
② 구조가 간단하며 유지 보수가 쉬워야 한다.
③ 동력 손실이 적어야 한다.
④ 열에 의한 눌러붙음이 없도록 해야 한다.

· 정답 풀이 ·

[베어링 설계 시 주의사항]
• 마찰 저항이 작고, 동력 손실이 작으며, 열전도율이 커야 한다.
• 눌러붙음이 발생하지 않아야 하며, 구조가 간단하고, 유지 및 보수가 쉬워야 한다.

267 구름 베어링의 번호가 6205라면 베어링의 안지름은 몇 [mm]인가?

① 20 [mm]
② 25 [mm]
③ 30 [mm]
④ 35 [mm]

· 정답 풀이 ·

[베어링의 안지름 번호]

안지름 번호	00	01	02	03	04
안지름	10 [mm]	12 [mm]	15 [mm]	17 [mm]	20 [mm]

• 6205에서 3번째, 4번째의 번호가 베어링의 안지름 번호이다.
  00~03까지는 위 표를 참고하여 암기하면 되고, 04부터는 베어링 안지름 번호에 5를 곱하면 된다.
  (**예** 6205이면 $05 \times 5 = 25$ [mm]가 된다.)
• 608일 경우는 베어링 안지름 번호를 그대로 8 [mm]로 읽으면 된다.

정답 265 ①   266 ①   267 ②

268 구름 베어링의 번호가 6202라면 베어링의 안지름은 몇 [mm]인가?

① 10 [mm]

② 12 [mm]

③ 15 [mm]

④ 17 [mm]

> •정답 풀이•

베어링 안지름 번호	00	01	02	03
베어링 안지름	10 [mm]	12 [mm]	15 [mm]	17 [mm]

- 6202에서 3번째, 4번째의 번호가 베어링의 안지름 번호이다.
  00~03까지는 위 표를 참고하여 암기하면 되고, 04부터는 베어링 안지름 번호에 5를 곱하면 된다.
  (**예** 6205이면 05×5＝25 [mm]가 된다.)
- 608일 경우는 베어링 안지름 번호를 그대로 8 [mm]로 읽으면 된다.

269 베어링 6205 ZZ에 대한 해석으로 옳지 **못한** 것은 무엇인가?

① 6은 베어링 종류로 단열 깊은 홈 볼베어링을 의미한다.

② 2는 하중 크기로, 중간 하중을 의미한다.

③ 05는 안지름 번호로, 베어링의 안지름이 25 [mm]임을 의미한다.

④ ZZ는 양쪽 실드를 의미한다.

> •정답 풀이•

[베어링의 하중 번호]

하중 번호	0, 1	2	3	4
하중 종류	특별 경하중	경하중	중간하중	고하중

[베어링의 기호 종류]

베어링 기호	C	DB	C2	Z
의미	접촉각 기호	조합기호	틈새기호	실드기호

※ V: 리테이너 기호

정답 268 ③   269 ②

270 니들 베어링에 대한 설명으로 옳지 <u>못한</u> 것은 무엇인가?

① 롤러의 지름이 2~5 [mm]로 길이에 비해 지름이 작은 베어링이다.
② 추력을 받을 수 없다.
③ 니들 베어링에서 사용하는 리테이너의 재료는 일반적으로 탄소강이다.
④ 단위 면적당 부하 용량이 크며, 롤러의 지름이 작을수록 좋다.

• 정답 풀이 •

[니들 베어링의 특징]
• 롤러 지름이 2~5 [mm]로 길이에 비해 지름이 작은 베어링이다.
• 리테이너가 없다.
• 단위 면적당 부하 용량이 크며, 롤러의 지름이 작을수록 좋다.
• 협소한 장소에서 강한 하중을 받을 때 사용된다.

271 초고속 및 고정밀 가공을 위한 주축의 베어링에는 무슨 베어링이 적합한가?

① 니들 베어링
② 구름 베어링
③ 미끄럼 베어링
④ 공기 정압 베어링

• 정답 풀이 •

초고속 및 고정밀 가공을 위한 주축 베어링에는 공기 정압 베어링을 사용한다.
참고 공기 정압 베어링은 미끄럼 베어링의 종류이다.

272 충격 부하가 가장 큰 베어링은 무엇인가?

① 니들 베어링
② 미끄럼 베어링
③ 구름 베어링
④ 공기 정압 베어링

• 정답 풀이 •

충격 부하가 가장 큰 베어링은 미끄럼 베어링이다.
기억해야 한다.

정답 270 ③   271 ④   272 ②

273 베어링의 보통 규격 표시 방법은 무엇인가?

① P

② SP

③ H

④ 무기호

• 정답 풀이 •

[베어링 규격 표시 방법]
• H: 상급
• P: 고급
• SP: 초고급
• 무기호: 보통 규격

274 베어링에 대한 설명으로 옳지 <u>못한</u> 것은 무엇인가?

① 미첼 베어링은 미끄럼 베어링의 특수형으로, 고부하 용량에 매우 잘 견딘다.

② 미끄럼 베어링에서 중간 부분에 모서리를 따는 목적은 유막이 끊기는 것을 방지하기 위함이다.

③ 칼라저널에서 칼라의 지름을 작게 하려면 칼라의 수를 증가시키면 된다.

④ 베어링 설계 시 마찰 저항을 작게 해야 한다.

• 정답 풀이 •

미끄럼 베어링에서 끝부분에 모서리를 따는 목적은 유막의 끊김을 방지하기 위해서이다.

275 베어링은 작용하중에 따라 레이디얼 베어링, 스러스트 베어링, 테이퍼 베어링 등으로 구분된다. 그렇다면 축에 직각 방향으로 작용하는 하중과 축 방향으로 작용하는 하중을 동시에 지지할 수 있는 베어링은?

① 레이디얼 베어링

② 스러스트 베어링

③ 테이퍼 베어링

④ 진리 베어링

• 정답 풀이 •

작용하중에 따라 아래와 같이 분류된다.
• 레이디얼 베어링: 축에 직각 방향으로 작용하는 하중을 지지한다.
• 스러스트 베어링: 축 방향으로 작용하는 하중을 지지한다.
• 테이퍼 베어링: 레이디얼 하중과 스러스트 하중을 동시에 지지한다.

정답 273 ④　　　274 ②　　　275 ③

276 베어링 안지름이 $50\,[\text{mm}]$, 최대 회전수가 $100\,[\text{rpm}]$이라면 한계 속도 지수는?

① 500

② 1000

③ 1500

④ 5000

> **· 정답 풀이 ·**
>
> 한계 속도 지수$=d \times N$(베어링 안지름+최대 회전수)이므로 $50 \times 100 = 5000$이다.

277 베어링의 호칭 순서로 옳은 것은 무엇인가?

① 형식번호 → 치수기호 → 안지름번호 → 등급기호
② 형식번호 → 등급기호 → 안지름번호 → 치수기호
③ 안지름번호 → 치수기호 → 형식번호 → 등급기호
④ 안지름번호 → 등급기호 → 형식번호 → 치수기호

> **· 정답 풀이 ·**
>
> [베어링의 호칭 순서]
> 형식번호 → 치수기호 → 안지름번호 → 등급기호
> 🖉 **암기법**: 형이 치사하게 안사줘 등심!

278 베어링의 기본적 기호에 속하지 <u>않는</u> 것은 무엇인가?

① 베어링 계열 기호
② 안지름 번호
③ 접촉각 기호
④ 실드 기호

> **· 정답 풀이 ·**
>
> [베어링의 기본 기호]
> 베어링 계열 기호, 안지름 번호, 접촉각 기호
> 🖉 **암기법**: 베안접!

정답 276 ④   277 ①   278 ④

279 베어링 번호 7403의 하중 크기는 무엇인가?

① 특별 경하중
② 경하중
③ 중간하중
④ 고하중

• 정답 풀이 •

[베어링의 하중 번호]

하중 번호	0, 1	2	3	4
하중 종류	특별 경하중	경하중	중간하중	고하중

• 베어링 번호 7403에서 두 번째 번호가 베어링 하중 번호이다.

280 축이 휘기 쉬운 경우 또는 경사각이 클 때 사용하는 베어링은 무엇인가?

① 자동조심볼 베어링
② 공기 정압 베어링
③ 니들 베어링
④ 스러스트 베어링

• 정답 풀이 •

자동조심볼 베어링은 축이 쉽게 휘기 쉬운 경우나 경사각이 클 때 사용한다. 또한, 내륜에는 2열의 홈이 있고, 외륜 궤도면은 구면으로 되어 내륜이 외륜에 대해 기울어져도 회전 가능!

281 스러스트 하중과 레이디얼 하중을 동시에 받을 수 있으며, 공작 기계의 주축에 많이 사용되는 베어링은?

① 니들 베어링
② 테이퍼 롤러 베어링
③ 마그네토 볼 베어링
④ 원통 롤러 베어링

• 정답 풀이 •

테이퍼 롤러 베어링은 스러스트 하중 및 레이디얼 하중이 동시에 작용할 때 사용한다.

정답 279 ④   280 ①   281 ②

282 정격 수명을 정확하게 정의한 것은 무엇인가?

① 동일 규격의 베어링을 여러 개 사용했을 때 이 중 80 [%] 이상의 베어링이 피로에 의한 손상이 일어나지 않을 때까지의 총 회전수나 수명을 말한다.
② 동일 규격의 베어링을 여러 개 사용했을 때 이 중 90 [%] 이상의 베어링이 피로에 의한 손상이 일어나지 않을 때까지의 총 회전수나 수명을 말한다.
③ 구름 베어링을 장시간 사용했을 때 반복 하중에 의한 피로 박리가 생길 때까지의 수명을 말한다.
④ 베어링이 정지 또는 저속에서 구름베어링이 견딜 수 있는 최대 하중을 말한다.

· 정답 풀이 ·

[정격 수명의 정의]
동일 규격의 베어링을 여러 개 사용했을 때 이 중 90 [%] 이상의 베어링이 피로에 의한 손상이 일어나지 않을 때까지의 총 회전수나 수명을 말한다.

283 구름 베어링을 장시간 사용했을 때 반복 하중에 의한 피로 박리가 생길 때까지의 수명을 무엇이라고 하는가?

① 기본 정적 부하 용량
② 기본 동적 부하 용량
③ 정격 하중
④ 베어링 수명

· 정답 풀이 ·

[베어링 수명 정의]
구름 베어링을 장시간 사용할 때 반복 하중에 의한 피로 박리가 생길 때까지의 수명

284 기본 동적 부하 용량은 베어링이 고속회전할 때 구름 베어링이 견딜 수 있는 최대 하중으로 회전 수명 (   ), (   ) [rpm]으로 (   ) [hr]의 수명을 주는 일정 하중이다. 빈칸에 해당하는 것은?

① 10^5, 333, 500
② 10^6, 333, 500
③ 10^6, 33.3, 500
④ 10^5, 333, 500

· 정답 풀이 ·

기본 동적 부하 용량은 회전 수명 10^6, 33.3 [rpm]으로 500 [hr]의 수명 시간을 주는 하중이다.

정답 282 ②　　283 ④　　284 ③

285 베어링이 정지 또는 저속에서 구름 베어링이 견딜 수 있는 최대 하중은?

① 기본 정적 부하 용량
② 기본 동적 부하 용량
③ 회전 수명
④ 정격 수명

• 정답 풀이 •

[기본 부하 용량(정격 하중)]: 구름 베어링이 견딜 수 있는 최대 하중
• 기본 정적 부하 용량: 정지 또는 저속에서 구름 베어링이 견딜 수 있는 최대 하중
• 기본 동적 부하 용량: 고속에서 구름 베어링이 견딜 수 있는 최대 하중

286 구름 베어링에서 기본 동적 부하 용량이 가지는 의미는?

① 외륜을 고정하고 내륜을 회전시키는 조건에서 100만 회전의 정격 수명을 얻을 수 있는 베어링의 하중의 크기를 말한다.
② 외륜을 회전하고 내륜을 고정시키는 조건에서 100만 회전의 정격 수명을 얻을 수 있는 베어링의 하중의 크기를 말한다.
③ 외륜을 고정하고 내륜을 회전시키는 조건에서 10만 회전의 정격 수명을 얻을 수 있는 베어링의 하중의 크기를 말한다.
④ 외륜을 회전하고 내륜을 고정시키는 조건에서 10만 회전의 정격 수명을 얻을 수 있는 베어링의 하중의 크기를 말한다.

• 정답 풀이 •

[기본 동적 부하 용량]
외륜을 고정하고 내륜을 회전시키는 조건에서 100만 회전의 정격수 명을 얻을 수 있는 베어링의 하중의 크기이다.

287 롤러 베어링 번호 N605에서 베어링의 안지름은 몇 [mm]인가?

① 5 [mm]　　　　　　　　　　　② 15 [mm]
③ 20 [mm]　　　　　　　　　　　④ 25 [mm]

• 정답 풀이 •

베어링 번호 N605처럼 안지름 번호 0~9는 그대로 안지름 [mm]으로 해석한다.

정답　285 ①　　　286 ①　　　287 ①

288 베어링의 수명 시간을 계산하는 식으로 옳은 것은 무엇인가?

① $L = 500 \times (C/P)^r \times 33.3/N$
② $L = 5000 \times (C/P)^r \times 33.3/N$
③ $L = 500 \times (C/P)^r \times 333/N$
④ $L = 5000 \times (C/P)^r \times 333/N$

• 정답 풀이 •

베어링의 수명 시간: $L = 500 \times (C/P)^r \times 33.3/N$
참고 볼베어링이면 r이 3, 롤러 베어링이면 r이 10/3
꼭 암기한다.

289 구름 베어링의 특징으로 옳지 <u>못한</u> 것은 무엇인가?

① 베어링의 규격화가 되어 있으므로 호환성이 좋다.
② 초기 구동 시 마찰이 적어 발열이 적다.
③ 충격 하중에 약하다.
④ 유지 및 보수가 어렵다.

• 정답 풀이 •

구름 베어링은 규격화되어 있기 때문에 유지 및 보수가 쉽고, 호환성이 우수하다.

11 마찰차

290 마찰차에 대한 특징으로 옳지 **못한** 것은 무엇인가?

① 무단 변속이 가능하다.
② 전동 효율이 그다지 좋지 못하다.
③ 축과 베어링 사이의 마찰이 커서 축과 베어링의 마멸이 크다.
④ 정확한 속비를 얻을 수 있다.

> **• 정답 풀이 •**
>
> [마찰차의 특징]
> • 무단 변속이 가능하며, 과부하 시 약간의 미끄럼으로 손상을 방지할 수 있다.
> • 미끄럼이 발생하기 때문에 효율은 그다지 좋지 못하다.
> • 이가 없는 단순한 원통으로 미끄럼이 발생하여 정확한 속비를 얻을 순 없다.
> • 축과 베어링 사이의 마찰이 커서 축과 베어링의 마멸이 크다.
> • 구름 접촉으로 원동차와 종동차의 속도가 동일하게 운전된다.

291 2개의 원통 바퀴 즉, 원동차와 종동차가 직접 접촉하여 발생하는 마찰력으로 동력을 전달시키는 장치는?

① 벨트   ② 캠   ③ 마찰차   ④ 코터

> **• 정답 풀이 •**
>
> 마찰차 파트이기 때문에 정답을 마찰차로 고르면 안 된다. 원통 바퀴와 '직접 접촉'이 키포인트 단어이다.

292 무단 변속에 사용되는 마찰차가 **아닌** 것은?

① 크라운 마찰차   ② 원판 마찰차
③ 홈마찰차   ④ 구면차

> **• 정답 풀이 •**
>
> [무단 변속에 사용하는 마찰차 종류]
> 크라운(원판) 마찰차, 구면차, 에반스 마찰차, 원주 마찰차 등

정답 290 ④   291 ③   292 ③

293 마찰차에 대한 특징으로 옳지 <u>못한</u> 것은 무엇인가?

① 속도비의 변화가 가능하다.
② 회전 속도가 커서 기어를 사용할 수 없는 경우에 사용한다.
③ 미끄럼이 발생하기 때문에 정확한 속도비는 기대할 수 없다.
④ 큰 동력을 전달할 수 있으며, 전동 효율이 좋다.

• 정답 풀이 •

마찰차는 미끄럼이 발생하여 큰 동력을 전달할 수 없다.

294 마찰차에서 큰 동력을 전달하기 위해서는 마찰계수가 크거나 미는 힘이 커야 한다. 하지만 미는 힘이 너무 크면 베어링에 가해지는 힘이 커져 베어링에 큰 무리를 줄 수 있다. 이를 방지하고자 더 큰 동력 전달을 하는 마찰차를 사용하는데, 이 마찰차는?

① 홈마찰차
② 에반스 마찰차
③ 원판 마찰차
④ 구면 마찰차

• 정답 풀이 •

홈마찰차는 홈을 파서 그 안에 맞물려 미끄럼을 줄이고 접촉면을 늘려 큰 동력을 전달한다.
나머지 보기는 무단 변속 마찰차의 종류이다.

295 마찰차는 원동차와 종동차로 나뉠 수 있다. 그렇다면 원동차의 재질은 종동차의 재질보다 어떠해야 하는가?

① 원동차의 재질은 종동차보다 연한 재질을 사용한다.
② 원동차의 재질은 종동차보다 경한 재질을 사용한다.
③ 원동차의 재질은 종동차보다 동일한 재질을 사용한다.
④ 원동차의 재질과 종동차 재질은 아무 것이나 선정해도 된다.

• 정답 풀이 •

마찰차는 마찰 계수를 늘리기 위해 원동차는 가죽, 고무 등의 연한 재질! 종동차는 금속 사용!

정답 293 ④   294 ①   295 ①

296 외접 마찰차에서 원동차의 지름이 $500\,[\text{mm}]$, 종동차의 지름이 $300\,[\text{mm}]$일 때 마찰차의 축간 거리는 얼마인가?

① $400\,[\text{mm}]$
② $500\,[\text{mm}]$
③ $600\,[\text{mm}]$
④ $800\,[\text{mm}]$

> **• 정답 풀이 •**
>
> • 외접 마찰차의 축간거리: $(D_1+D_2)/2$
> • 내접 마찰차의 축간거리: $(D_1-D_2)/2$

297 무단 변속 마찰차의 종류가 <u>아닌</u> 것은 무엇인가?

① 원판 마찰차
② 크라운 마찰차
③ 에반스 마찰차
④ 원통 마찰차

> **• 정답 풀이 •**
>
> [무단 변속 마찰차의 종류]
> 에반스 마찰차, 구면 마찰차, 원추 마찰차, 원판 마찰차(크라운 마찰차)

298 홈마찰차에 대한 설명으로 옳지 <u>못한</u> 것은 무엇인가?

① 홈마찰차의 홈의 각도 2α는 30~40도이다.
② 홈의 피치는 3~20 $[\text{mm}]$의 범위이다.
③ 일반적인 홈마찰차의 피치는 10 $[\text{mm}]$이다.
④ 홈마찰차는 홈의 개수가 7개이다.

> **• 정답 풀이 •**
>
> [홈마찰차의 스펙]
> • 홈의 각도는 $2\alpha=30\sim40$도이고, 홈의 피치는 3~20 $[\text{mm}]$이며, 보통 피치는 10 $[\text{mm}]$이다.
> • 홈마찰차는 홈의 개수가 5개이다.

정답 296 ①　　297 ④　　298 ④

299 크레인, 윈치 등에서 물건을 감아올릴 때 사용하는 마찰차는?

① 크라운 마찰차
② 홈마찰차
③ 에반스 마찰차
④ 구면 마찰차

· 정답 풀이 ·

홈마찰차는 홈을 파서 이와 이가 맞물려 구동되기 때문에 미끄럼이 적어 윈치나 크레인 등에 서 물건을 매달아 감아올리기에 적합하다.

300 마찰차의 응용 범위로 옳지 <u>못한</u> 것은?

① 전달해야 할 힘이 그다지 크지 않고 속도비가 중요하지 않을 때
② 회전 속도가 커서 기어를 사용할 수 없을 때
③ 양 축 사이를 간헐적으로 단속해야 할 때
④ 큰 동력을 전달해야 할 때

· 정답 풀이 ·

마찰차는 미끄럼이 발생하기 때문에 구동 중 에너지 손실이 많아 큰 동력을 전달하기에는 적합하지 않다.

301 마찰차 중에서 가장 효율이 낮은 마찰차는 무엇인가?

① 변속 마찰차
② 원통 마찰차
③ 홈마찰차
④ 평 마찰차

· 정답 풀이 ·

변속 마찰차는 마찰차 중에서 가장 효율이 낮다.

정답 299 ②　　300 ④　　301 ①

302 마찰차에 대한 설명으로 옳지 <u>못한</u> 것은 무엇인가?

① 평마찰차는 마찰면이 평면이며, 두 축이 평행할 때 사용하고, 크게 보면 내접과 외접 마찰차로 구분될 수 있다.
② 원추 마찰차는 마찰면이 원추이며, 두 축이 어느 각도로 만날 때 사용하는 마찰차로 평마찰차보다 미끄럼이 적은 장점이 있다.
③ 홈마찰차는 마찰면이 V자 모양이며, 평마찰차보다 마찰력이 크므로 미끄럼이 작다.
④ 원판 마찰차는 평마찰차의 일종으로, 두 축이 평행한 마찰차이다.

• 정답 풀이 •

원판 마찰차는 평마찰차의 일종으로, 두 축이 직각인 마찰차이다.

303 2개의 원추 마찰차 사이에 링을 끼워 사용하며, 링에 접촉하는 부분의 지름이 변화되어 무단 변속할 수 있는 마찰차는?

① 원판 마찰차
② 크라운 마찰차
③ 에반스 마찰차
④ 원통 마찰차

• 정답 풀이 •

암기가 필요한 사항이다. 반드시 암기한다.

304 종동 마찰차의 재료로 사용하지 <u>않는</u> 것은 무엇인가?

① 황동   ② 청동
③ 주철   ④ 니켈

• 정답 풀이 •

• 마찰차의 재료: 황동, 청동, 주철 등
대표적으로 주철이 많이 사용된다. 그 이유는 주철은 마찰 저항이 우수하다. 마찰차에서 효율을 높이기 위해서는 마찰계수가 커야 하기 때문에 마찰 저항이 큰 주철을 사용한다.

정답 302 ④   303 ③   304 ④

305 간접 전동 장치가 <u>아닌</u> 것은 무엇인가?

① 벨트
② 체인
③ 로프
④ 마찰차

・정답 풀이・

- **직접 전동 장치**: 직접 접촉을 통해 얻어지는 마찰로 동력을 전달하는 장치(마찰차, 기어 등)
- **간접 전동 장치**: 간접 접촉을 통해 얻어지는 마찰로 동력을 전달하는 장치(벨트, 체인, 로프 등)

306 마찰차에서 원동차는 종동차보다 연한 재질을 사용한다. 즉, 비금속인 가죽, 목재 등을 사용하게 되는데, 이처럼 원동차를 비금속 재료로 라이닝하는 이유는 무엇인가?

① 마찰계수를 크게 하고, 마모를 방지하기 위해
② 마찰계수를 작게 하고, 마모를 방지하기 위해
③ 마찰계수를 크게 하고, 가격면에서 경제성을 확보하기 위해
④ 마찰계수를 작게 하고, 가격면에서 경제성을 확보하기 위해

・정답 풀이・

암기가 필요한 사항이다. 반드시 암기한다.

307 마찰계수를 증가시켜 효율을 향상시키기 위해 마찰차를 누르는 장치가 <u>아닌</u> 것은?

① 나사
② 스프링
③ 캠
④ 지레 장치

・정답 풀이・

[마찰차를 누르는 데 사용하는 장치]
나사, 스프링, 지레 장치

정답 305 ④　　306 ①　　307 ③

308 마찰차에 대한 설명으로 옳지 <u>못한</u> 것은 무엇인가?

① 지레 장치를 사용하면 마찰차의 전달 마력이 향상된다.
② 스프링을 사용하면 마찰차의 전달 마력이 향상된다.
③ 나사를 사용하면 마찰차의 전달 마력이 향상된다.
④ 전달 마력을 증가시키기 위해 원동차의 재질은 종동차의 재질보다 단단한 것을 사용한다.

· 정답 풀이 ·

원동차의 재질은 가죽, 고무 등을 사용하기 때문에 종동차의 재질보다 연하다.

309 마찰차가 전달하는 동력과 관계가 <u>없는</u> 요인은 무엇인가?

① 마찰차 재료
② 원주 속도
③ 축 방향으로 미는 힘
④ 마찰계수

· 정답 풀이 ·

축 방향으로 미는 힘이 아니라, 축의 직각 방향으로 미는 힘이다.

[마찰차의 전달 동력(kW)]
마찰계수 × 밀어부치는 힘 × 원주 속도/1000
마찰차 재료에 따라 마찰계수가 달라질 것이며, 원주 속도에 따라서도 영향을 받는다.

310 두 축이 직각으로 만나고, 롤러와 원판 사이의 접촉을 통해 동력을 전달하며, 무단 변속에 사용되는 마찰차는 무엇인가?

① 크라운 마찰차
② 홈마찰차
③ 에반스 마찰차
④ 평마찰차

· 정답 풀이 ·

크라운 마찰차=원판 마찰차는 평마찰차의 일종으로, 두 축이 직각으로 되어 있으며, 롤러와 원판 사이의 접촉을 통해 동력을 전달하며, 무단 변속 마찰차로 사용된다.

정답 308 ④   309 ③   310 ①

311 외접 마찰차에서 원동차의 지름이 500 [mm], 속도비가 5일 때 종동 마찰차의 지름은 몇 [mm]인가?

① 50 [mm] ② 100 [mm]
③ 200 [mm] ④ 300 [mm]

> **· 정답 풀이 ·**
>
> i(속도비)$=N_2/N_1=D_1/D_2$이므로 $5=500/D_2$
> ➡ D_2 : 100 [mm]로 계산된다.

312 외접 마찰차에서 축간거리가 500 [mm], $N_1=200$ [Rpm], $N_2=100$ [rpm]일 경우 원동차와 종동차의 각각 D_1, D_2는 몇 [mm]인가?

	D_1	D_2
①	333	666
②	444	888
③	300	600
④	400	800

> **· 정답 풀이 ·**
>
> 축간거리$(C)=(D_1+D_2)/2$이므로 $500=(D_1+D_2)/2$ ➡ $D_1+D_2=1000$
> i(속도비)$=N_2/N_1=D_1/D_2$이므로 $100/200=D_1/D_2$ ➡ $2D_1=D_2$
> 연립하면, $3D_1=1000$이므로 ➡ D_1은 333.3 [mm]로 계산된다.

313 마찰계수가 0.3, 마찰차의 원주 속도가 10 [m/s], 마찰차를 누르는 힘은 2,000 [N]이라면 전달동력(kW)은 몇 인가?

① 3 [kW] ② 4 [kW]
③ 5 [kW] ④ 6 [kW]

> **· 정답 풀이 ·**
>
> 전달동력$(kW)=\mu Pv/1000$이므로 $0.3\times2000\times10/1000$ ➡ 6 [kW]로 계산된다.

314 마찰계수가 0.3, 지름이 500 [mm], 회전수가 500 [rpm]으로 회전하는 원통마찰차가 15 [kW]의 동력을 전달하려면 어느 정도의 힘(N)이 요구되는가? (단, π는 3으로 가정)

① 1,000 [N]

② 2,000 [N]

③ 3,000 [N]

④ 4,000 [N]

· 정답 풀이 ·

$V = \pi \times D \times N / 60000$이므로 $3 \times 500 \times 500/60000$ ➡ 12.5 [m/s]

전달 동력$(kW) = \mu P v / 1000$이므로 $15 = 0.3 \times P \times 12.5/1000$ ➡ $P = 4,000$ [N]으로 계산된다.

315 원통마찰차에 대한 설명으로 옳지 못한 것은 무엇인가?

① 마찰차의 형상은 원통 모양이며, 크게 보면 내접과 외접 마찰차로 나눌 수 있다.

② 마찰차는 구름 접촉을 하기 때문에 두 원통마찰차의 원주 속도는 동일하다.

③ 원동차의 회전 속도를 일정하게 유지하면서 종동축의 회전수를 조절할 수 있다.

④ 원동차는 종동차보다 연한 재질의 재료를 사용한다.

· 정답 풀이 ·

원동차의 회전속도를 일정하게 유지하면서 종동축의 회전수를 조절하는 것은 무단 변속 마찰차의 설명이다.

12 기어

316 마찰차의 원주 상에 일정한 간격으로 깎인 이와 이가 맞물려 미끄럼 없이 동력을 전달하는 장치는 무엇인가?

① 기어　　　　　　　　　　　　② 캠
③ 벨트　　　　　　　　　　　　④ 키

· 정답 풀이 ·

기어는 마찰차의 원주 상에 일정 간격으로 이를 깎고 이가 맞물려 미끄럼 없이 정확한 동력을 전달할 수 있는 장치이다.

[기어의 특징]
• 정확한 속도비와 높은 효율을 자랑한다.
• 두 축간거리가 짧을 때 즉, 협소한 장소에 설치할 수 있다.
• 미끄럼이 적어 큰 회전력을 전달할 수 있다.
• 물려지는 기어의 잇수를 변화시켜 회전수를 바꿀 수 있다.

317 헬리컬 기어에 대한 특징으로 옳지 <u>못한</u> 것은 무엇인가?

① 고속 운전이 가능하며, 축간거리를 조절할 수 있고, 소음 및 진동이 적다.
② 물림률이 좋아 스퍼기어보다 동력 전달이 좋다.
③ 축 방향으로 추력이 발생하므로 스러스트 베어링이 필요하다.
④ 최소 잇수가 평기어보다 많으므로 큰 회전비를 얻을 수 있다.

· 정답 풀이 ·

[헬리컬 기어의 특징]
• 고속 운전이 가능하며, 축간거리 조절을 할 수 있고, 소음 및 진동이 적다.
• 물림률이 좋아 스퍼기어보다 동력 전달이 좋다.
• 축 방향으로 추력이 발생하여 스러스트 베어링을 사용한다.
• 최소 잇수가 평기어보다 적으므로 큰 회전비를 얻을 수 있다.
• 기어의 잇줄 각도는 비틀림각에 상관없이 수평선에 30도로 긋는다.

정답 316 ① 　　　317 ④

318 기어에 대한 설명으로 옳지 <u>못한</u> 것은 무엇인가?

① 모듈은 피치원 지름을 잇수로 나눈 값으로, 모듈이 같아야 두 기어가 맞물려 돌아간다.
② 물림률은 물림 길이를 법선 피치로 나눈 값으로, 1보다 작아야 한다.
③ 압력각의 정의는 두 기어의 피치원의 공통 접선과 작용선이 이루는 각이다.
④ 모듈은 이의 크기를 결정하는 기준 중 하나이다.

• 정답 풀이 •

물림률은 1보다 커야 한다. 즉, 물림 길이가 법선 피치보다 크다는 의미이고, 이 조건이 되어야 한 쌍의 이가 정확하게 맞물린다.

319 이의 크기를 정하는 요인이 <u>아닌</u> 것은?

① 모듈
② 지름 피치
③ 원주 피치
④ 물림 길이

• 정답 풀이 •

[이의 크기를 결정하는 요인]
지름 피치, 원주 피치, 모듈

320 두 축이 평행한 기어가 <u>아닌</u> 것은?

① 스퍼 기어
② 헬리컬 기어
③ 래크 기어
④ 하이포이드 기어

• 정답 풀이 •

구분	두 축이 평행	두 축이 교차	두 축이 엇갈
종류	스퍼 기어, 래크 기어, 헬리컬 기어 내접 기어, 더블헬리컬 기어 등	베벨 기어, 크라운 기어, 마이터 기어 등	스크류 기어, 웜 기어, 하이포이드 기어 등

정답 318 ② 　　 319 ④ 　　 320 ④

321 피치원 지름이 $500\,[\text{mm}]$, 잇수가 50이라면 이 기어의 지름 피치는 몇 $[\text{mm}]$인가?

① $2.54\,[\text{mm}]$

② $25.4\,[\text{mm}]$

③ $5.08\,[\text{mm}]$

④ $50.8\,[\text{mm}]$

> **• 정답 풀이 •**
>
> $D=mZ$이므로 ➡ $500=m\times 50$ 즉, $m(모듈)=10$
> 지름 피치$(P_d)=25.4/m$이므로 $25.4/10$ ➡ $P_d=2.54\,[\text{mm}]$로 계산된다.

322 원주 피치가 $31.4\,[\text{mm}]$라면 이 기어의 모듈은 얼마인가?

① 5

② 10

③ 15

④ 20

> **• 정답 풀이 •**
>
> 원주 피치$(p)=\pi\times m$이므로 $31.4=\pi\times m$ 즉 $m(모듈)=10$으로 계산된다.

323 2개의 기어가 맞물려 회전할 때 접촉면의 후방에 생기는 틈새는 무엇인가?

① 백레쉬

② 이끝원

③ 이뿌리원

④ 피치원

> **• 정답 풀이 •**
>
> 백레쉬는 두 개의 기어가 맞물려 회전할 때 접촉면의 후방에 생기는 틈새이다.

정답 **321** ①   **322** ②   **323** ①

324 모듈을 구하는 식으로 옳은 것은?

① 모듈: 피치원 지름/잇수
② 모듈: 잇수/피치원 지름
③ 모듈: 피치원 지름×잇수
④ 모듈: 기초원 지름/잇수

> · 정답 풀이 ·
>
> D(피치원 지름)$=mZ$이다. 또한, 모듈이 같아야 두 기어가 맞물려 돌아갈 수 있다.

325 웜기어에 대한 설명으로 옳지 못한 것은 무엇인가?

① 작은 용량으로 큰 감속비를 얻을 수 있다.
② 진입각이 클수록 효율이 나빠진다.
③ 리드각이 작으면 역전을 방지할 수 있다.
④ 소음 및 진동이 적고, 교환성이 없다.

> · 정답 풀이 ·
>
> [웜기어의 특징]
> · 작은 용량으로 큰 감속비를 얻을 수 있으며, 소음 및 진동이 없다.
> · 부하 용량이 크다.
> · 다른 평기어에 비해 효율이 그다지 좋지 못하다.
> · 진입각이 클수록 효율이 좋으며, 리드각이 작은 경우 역전 방지용으로 사용될 수 있다.
> · 교환성이 없으며, 웜과 웜휠에 추력이 발생한다.
> · 웜휠은 연삭할 수 없고, 웜휠은 공작하려면 특수 공구가 필요하다.
> · 웜은 웜휠보다 마모에 강한 재질을 사용하며, 보통 웜은 침탄강, 웜휠은 인청동을 사용한다.

326 웜기어에 대한 설명으로 옳지 못한 것은?

① 웜기어는 두 축이 엇갈려 있는 기어이다.
② 웜기어의 효율은 다른 평기어에 비해 우수하다.
③ 큰 감속비를 얻을 수 있다.
④ 부하용량이 크다.

> · 정답 풀이 ·
>
> 📎 암기법
> 웜(worm)은 "벌레"이다. 즉, 효율이 벌레라는 의미이다. 다시 말해 효율이 벌레이기 때문에 효율이 다른 평기어에 비해 좋지 못하다.

정답 324 ① 325 ② 326 ②

327 전위기어의 사용 목적이 <u>아닌</u> 것은 무엇인가?

① 중심 거리를 자유롭게 조절하기 위해
② 이의 강도를 개선하기 위해
③ 물림률과 미끄럼률을 증가시키기 위해
④ 언더컷을 방지하기 위해

• 정답 풀이 •

[전위기어의 사용 목적]
- 중심 거리를 자유롭게 조절하기 위해
- 이의 강도를 개선하기 위해
- 물림률을 증가시키기 위해
- 언더컷을 방지하기 위해
- 최소잇수를 적게 하기 위해

328 물림률을 구하는 식으로 옳은 것은 무엇인가?

① 접촉호의 길이/원주피치
② 접촉호의 길이/법선피치
③ 물림길이/원주피치
④ 물림길이/모듈

• 정답 풀이 •

물림률＝접촉호의 길이/원주피치＝물림길이/법선피치

329 압력각이 커졌을 때 기어에서 발생하는 현상이 <u>아닌</u> 것은?

① 물림률과 미끄럼률이 작아진다.
② 베어링에 작용하는 하중이 증가한다.
③ 치면의 곡률 반경이 감소한다.
④ 이의 강도가 증대되며, 지지할 수 있는 접촉 압력이 커진다.

• 정답 풀이 •

[압력각이 증가했을 때 발생하는 현상]
- 베어링에 작용하는 하중이 증가
- 치면의 곡률 반경 증가
- 이의 강도 증가
- 지지할 수 있는 접촉 압력 증가
- 물림률과 미끄럼률 감소

물림률 및 미끄럼률만 감소하고, 나머지는 증가한다고 암기한다.

정답 327 ③ 328 ① 329 ③

330 기어와 관련된 이론으로 옳지 **못한** 것은 무엇인가?

① 백래쉬가 너무 크면 소음과 진동의 원인이 되므로 가능한 한 작은 편이 좋다.
② 미끄럼률 변화는 사이클로이드 치형에서는 피치점 앞/뒤에서 각각 일정하다.
③ 미끄럼률 변화는 인벌류트 치형에서는 피치점에서 최대이고, 양끝으로 갈수록 감소한다.
④ 기어가 연속적으로 회전하려면 물림률은 1보다 커야 하며, 물림률이 클수록 소음 및 진동이 적고 수명이 길다.

> **• 정답 풀이 •**
>
> 미끄럼률 변화는 인벌류트 치형에서는 피치점에서 0이고, 양끝으로 갈수록 커진다.

331 큰 기어의 이 끝이 피니언의 이뿌리를 충격해 회전할 수 **없는** 현상은?

① 이의 간섭
② 물림 상태
③ 임계 상태
④ 한계 상태

> **• 정답 풀이 •**
>
> 이의 간섭은 큰 기어의 이 끝이 피니언의 이뿌리에 부딪혀서 회전할 수 없는 현상이다.

332 이의 간섭의 원인이 **아닌** 것은 무엇인가?

① 피니언의 잇수가 적을 때
② 잇수비가 작을 때
③ 압력각이 작을 때
④ 유효 이높이가 클 때

> **• 정답 풀이 •**
>
> [이의 간섭의 원인]
> • 피니언의 잇수가 적을 때
> • 압력각이 작을 때
> • 유효 이높이가 클 때
> • 잇수비가 클 때(충분히 참고 내용으로 도출할 수 있는 이론)
> **참고** 속도비는 $N_b/N_a = Z_a/Z_b$이므로 피니언의 잇수가 작으면 잇수비가 커진다.

정답 330 ③   331 ①   332 ②

333 이의 간섭을 방지하는 방법이 <u>아닌</u> 것은 무엇인가?

① 압력각을 작게 한다.
② 이끝 높이를 줄인다.
③ 이뿌리면을 파낸다.
④ 이의 높이를 줄인다.

· 정답 풀이 ·

[이의 간섭을 방지하는 방법]
· 압력각을 20도 이상으로 크게 하며, 스터브기어를 사용한다.
· 이끝 높이를 줄이거나 이뿌리를 파내고, 이의 높이를 줄인다.
참고 이의 간섭은 큰기어의 이끝이 피니언의 이뿌리와 부딪쳐서 발생하는 현상이므로 이높이와 관련된 것을 줄이면 된다.

334 이의 간섭이 계속되어 피니언의 이뿌리를 파내 이의 강도와 물림률이 저하되는 현상은 무엇인가?

① 언더컷
② 오버랩
③ 블로우홀
④ 수축공

· 정답 풀이 ·

언더컷은 이의 간섭이 계속되어 피니언의 이뿌리를 파내 이의 강도와 물림률을 저하시킨다.

335 차량에서 직교하는 사각 구조의 차동 기어열에 사용되는 기어는 무엇인가?

① 베벨 기어
② 스퍼 기어
③ 헬리컬 기어
④ 헤링본 기어

· 정답 풀이 ·

베벨 기어의 구조를 알면 쉽게 이해된다. 이해하기 어렵다면 인터넷을 이용해 베벨 기어 관련 영상을 찾아보면 이 문제는 바로 기억할 수 있을 것이다.

정답 333 ①   334 ①   335 ①

336 언더컷을 방지하는 방법이 <u>아닌</u> 것은 무엇인가?

① 이의 높이를 낮춘다.
② 전위기어를 사용한다.
③ 압력각을 작게 한다.
④ 한계 잇수 이상으로 한다.

> **· 정답 풀이 ·**
>
> [언더컷을 방지하는 방법]
> · 이의 높이를 낮추며 전위기어를 사용한다.
> · 압력각을 크게 하고 한계 잇수 이상으로 한다.
> 참고 · 이의 간섭의 업그레이드 현상이므로 방지하는 방법이 비슷하다.
> · 언더컷이 발생하지 않는 한계 잇수(Z_g)$=2a/m \times \sin^2(\phi)$ [$a=$이끝높이, $\phi=$압력각]

337 압력각이 14.5도일 때 이론적 한계잇수는 몇 개인가?

① 17   ② 18
③ 30   ④ 32

> **· 정답 풀이 ·**
>
> [이론적 한계 잇수]
> · 압력각 14.5도: 한계잇수 32개
> · 압력각 20도: 한계잇수 17개

338 기어를 + 전위시키면 기어에 발생하는 현상은 무엇인가?

① 이의 높이는 같지만 이끝원과 이뿌리원이 커지므로 이의 두께가 증가한다.
② 이의 높이는 같지만 이끝원과 이뿌리원이 커지므로 이의 두께가 감소한다.
③ 이의 높이가 커지며 이끝원과 이뿌리원이 커지므로 이의 두께가 증가한다.
④ 이의 높이가 커지며 이끝원과 이뿌리원이 작아지므로 이의 두께가 감소한다.

> **· 정답 풀이 ·**
>
> + 전위시키면 이의 높이는 같으나 이끝원과 이뿌리원이 커져 이의 두께가 증가한다.
> − 전위는 반대

정답 336 ③   337 ④   338 ①

339 더블헬리컬 기어에 대한 설명으로 옳지 <u>못한</u> 것은?

① 헬리컬기어의 추력이 발생하는 단점을 보완하기 위해 고안된 기어이다.

② 균일한 회전을 전달할 수 있다.

③ 비틀림각의 방향이 서로 반대이며 크기가 다른 한 쌍의 헬리컬 기어를 조합한 기어이다.

④ 헤링본 기어라고도 불린다.

· 정답 풀이 ·

더블헬리컬 기어는 비틀림각의 방향이 서로 반대이고 크기가 같은 한 쌍의 헬리컬 기어를 조합한 기어이다.
비틀림각의 방향을 서로 반대로 놓아 기존 헬리컬 기어에서 발생하는 추력을 없앨 수 있다.

12

기어

340 제롤베벨 기어는 이폭의 중앙에서 비틀림각이 (   )도인 한 쌍의 스파이럴베벨기어를 말한다. 빈칸은 몇 도인가?

① 0도

② 5도

③ 10도

④ 15도

· 정답 풀이 ·

언더컷은 이의 간섭이 계속되어 피니언의 이뿌리를 파내 이의 강도와 물림률을 저하시킨다.

341 두 축이 어긋나 있고 베벨 기어의 축을 엇갈리게 한 것으로, 자동차의 차동 기어 장치의 감속 기어로 사용되는 기어는 무엇인가?

① 하이포이드 기어

② 헤링본 기어

③ 스퍼 기어

④ 헬리컬 기어

· 정답 풀이 ·

하이포이드 기어는 자동차의 차동 기어 장치의 감속 기어로 사용된다.
키포인트 단어는 차동 기어 장치의 감속 기어이다.

정답 339 ③   340 ①   341 ①

342 한 쌍의 기어가 일정한 속비로 회전하려면 접촉점의 공통 법선은 항상 피치점 P를 통과해야 한다. 이것은 무슨 정리인가?

① 카뮤의 정리
② 뉴턴의 정리
③ 아리스토텔레스의 정리
④ 카르노의 정리

· 정답 풀이 ·

[카뮤의 정리]
한 쌍의 기어가 일정한 속비로 회전하려면 접촉점의 공통 법선이 항상 피치점 P를 통과해야 하며, 접촉점의 공통 법선이 피치점 P를 통과하는 곡선이 바로 치형곡선이다.

343 원의 외측과 내측에 구름원을 놓고 미끄럼 없이 굴렸을 때 구름원의 한 점이 그리는 궤적은 무엇인가?

① 사이클로이드 곡선
② 인벌류트 곡선
③ 정현 곡선
④ 트로코이드 곡선

· 정답 풀이 ·

사이클로이드 곡선은 원의 외측과 내측에 구름원을 놓고 미끄럼 없이 굴렸을 때 구름원의 한 점이 그리는 궤적이다.

344 기초원에 실을 감아 실을 잡아당기면 실의 한 점이 그리는 궤적은 무엇인가?

① 인벌류트 곡선
② 슈크로이드 곡선
③ 사이클로이드 곡선
④ 정현 곡선

· 정답 풀이 ·

인벌류트 곡선은 기초원에 실을 감아 잡아당기면 실의 한 점이 그리는 궤적이다.

정답 342 ①   343 ①   344 ①

345 인벌류트 곡선의 특징으로 옳지 <u>못한</u> 것은 무엇인가?

① 치형의 가공이 용이하며, 값이 싸고, 제작하기 쉽다.
② 정밀도가 크고, 호환성이 우수하다.
③ 피치점이 완전히 일치하지 않으면 물림이 불량해진다.
④ 이뿌리 부분이 튼튼하다.

· 정답 풀이 ·

[인벌류트 곡선의 특징]
• 동력 전달 장치에 사용하며, 값이 싸고, 제작이 쉽다.
• 치형의 가공이 용이하고, 정밀도와 호환성이 우수하다.
• 압력각이 일정하며, 물림에서 축간거리가 다소 변해도 속비에 영향이 없다.
• 이뿌리 부분이 튼튼하나, 미끄럼이 많아 소음과 마멸이 크다
• 인벌류트 치형은 압력각과 모듈이 모두 같아야 호환될 수 있다.

346 큰 기어의 이뿌리원에서 상대편 기어의 이끝원까지의 거리는?

① 클리어런스
② 모듈
③ 피치원
④ 이끝높이

· 정답 풀이 ·

클리어런스(틈새=간극)는 큰 기어의 이뿌리원에서 상대편 기어의 이끝원까지의 거리를 의미한다.

347 기어의 각 명칭에 대한 설명으로 옳지 <u>못한</u> 것은 무엇인가?

① 유효 이높이는 물림 이높이라고도 하며, 이뿌리 높이의 합이다.
② 총 이높이는 이끝 높이와 이뿌리 높이의 합이다.
③ 표준 기어에서는 이끝 높이와 모듈이 같다.
④ 기초원 피치와 법선 피치는 동일한 말이다.

· 정답 풀이 ·

유효 이높이=물림 이높이는 이끝 높이의 합을 말한다.
참고 • 이끝 높이(어덴덤)=피치원에서 이끝원까지의 거리
• 이뿌리 높이(디덴덤)=피치원에서 이뿌리원까지의 거리

정답 345 ③   346 ①   347 ①

348 사이클로이드 곡선의 특징으로 옳지 못한 것은 무엇인가?

① 미끄럼이 적어 마멸과 소음이 적다.
② 잇면이 마멸이 균일하다.
③ 치형의 가공이 어렵고 호환성이 적다.
④ 언더컷이 발생한다.

▶ 정답 풀이 ▶

[사이클로이드 곡선의 특징]
• 언더컷이 발생하지 않으며 중심 거리가 정확해야 조립할 수 있다. 또한 시계에 사용한다.
• 미끄럼이 적어 소음과 마멸이 적고, 잇면의 마멸이 균일하다.
• 피치점이 완전히 일치하지 않으면 물림이 불량하다.
• 치형을 가공하기 어렵고, 호환성이 적다.
• 압력각이 일정하지 않다.
• 효율이 우수하다.

349 피치원 지름과 기초원 지름의 관계로 옳은 것은 무엇인가?

① 기초원 지름＝피치원 지름×$\cos \phi$
② 기초원 지름＝피치원 지름×$\sin \phi$
③ 기초원 지름＝피치원 지름×$\tan \phi$
④ 피치원 지름＝기초원 지름×$\cos \phi$

▶ 정답 풀이 ▶

기초원 지름＝피치원 지름×$\cos \phi$의 관계를 가진다. [법선 피치＝π×기초원 지름/잇수]
참고 기초원 피치(법선 피치)＝원주 피치×$\cos \phi$ [ϕ＝압력각]

350 2개의 축이 서로 직각을 이루며 잇수가 서로 같은 한 쌍의 베벨 기어는 무엇인가?

① 제롤베벨 기어   ② 마이터 기어
③ 헬리컬 기어   ④ 헤링본 기어(더블헬리컬 기어)

▶ 정답 풀이 ▶

마이터 기어는 2개의 축이 서로 직각을 이루며, 잇수가 같은 한 쌍의 베벨 기어를 말한다.

정답 348 ④   349 ①   350 ②

351 물고 돌아가는 2개의 기어가 일정한 속비로 회전하려면 접촉점의 (　　)은 항상 피치점 P를 통과해야 한다. 빈칸에 해당하는 것은 무엇인가?

① 공통 법선
② 공통 접선
③ 작용선
④ 치형 곡선

· 정답 풀이 ·

기어가 일정한 속도비로 회전하려면 접촉점의 공통 법선이 항상 피치점 P를 통과해야 한다.

352 잇수가 30개이고, 압력각이 14.5도이며, 모듈이 3인 기어의 전위량은 얼마인가?

① 0.1875
② 0.375
③ 1.125
④ 1.875

· 정답 풀이 ·

- 압력각 14.5도 일 때, 전위계수 ➡ $1 - Z/32$
- 압력각 20도일 때, 전위계수 ➡ $1 - Z/17$
- 전위량＝전위계수 × 모듈이므로, $[1 - 30/32] \times 3$ ➡ 전위량＝$0.0625 \times 3 = 0.1875$로 계산!

참고 언더컷을 피하려면 전위계수를 x 이상으로 취하며, 접촉 응력 및 미끄럼률을 작게 하려면 전위계수 x의 값은 큰 쪽이 안전하다.

353 유성기어장치의 대표적인 사용 용도로 옳지 <u>못한</u> 것은 무엇인가?

① 호이스트
② 공작기계
③ 프로펠라
④ 시계

· 정답 풀이 ·

유성기어는 서로 맞물려 회전하는 한 쌍의 기어 중에서 한 기어가 다른 기어의 축을 중심으로 공전할 때, 공전하는 기어를 유성기어라 하며, 중심에 있는 기어를 태양기어라고 한다.

[유성기어의 용도]
호이스트, 공작기계, 프로펠라 등

정답 351 ①　　352 ①　　353 ④

354 회전 방향이 같으며, 감속비가 큰 기어는 무엇인가?

① 웜기어
② 내접기어
③ 헬리컬기어
④ 헤링본기어

• 정답 풀이 •

내접기어는 회전 방향이 같고, 감속비가 크다. 키포인트 단어는 '회전 방향이 같다'이다.

355 루이스 식의 유도에 필요한 가정으로 옳지 <u>못한</u> 것은?

① 물림률은 1로 한다.
② 전체 하중은 이 끝에 작용한다.
③ 이의 형상은 이뿌리 곡선에 내접하는 포물선형 균일 강도의 단순 지지보로 가정한다.
④ 전체 하중은 1개의 이에 작용한다.

• 정답 풀이 •

[루이스 식의 유도 가정]
• 물림률은 1로 하며, 전체 하중은 1개의 이에 작용한다.
• 전체 하중은 이 끝에 작용한다.
• 이의 형상은 이뿌리 곡선에 내접하는 포물선형 균일 강도의 외팔보로 가정한다.

356 헬리컬기어의 상당스퍼기어 잇수 Z_e를 구하는 식으로 옳은 것은? (단, β는 비틀림각이다.)

① $Z_e = \dfrac{Z}{\cos^3 \beta}$

② $Z_e = \dfrac{Z}{\cos^2 \beta}$

③ $Z_e = \dfrac{Z}{\sin^2 \beta}$

④ $Z_e = \dfrac{Z}{\sin^3 \beta}$

• 정답 풀이 •

• 헬리컬기어의 상당스퍼기어 잇수 ➡ $Z_e = \dfrac{Z}{\cos^3 \beta}$ (β=비틀림각)

• 베벨기어의 상당스퍼기어 잇수 ➡ $Z_e = \dfrac{Z}{\cos r}$

정답 354 ② 355 ③ 356 ①

357 언더컷과 관련된 설명으로 옳지 <u>못한</u> 것은 무엇인가?

① 언더컷은 기어와 피니언이 맞물릴 때, 접촉점이 간섭점 범위 바깥쪽에 있을 때 발생한다.
② 언더컷이 일어날 때, 소음이 발생하는 이유는 접촉점에서 접선 속도가 다르기 때문이다.
③ 언더컷을 방지하기 위한 전위기어는 절삭 공구의 이끝을 간섭점보다 낮게, 래크공구의 피치선을 기준 위치보다 낮게 해서 절삭시킨 기어이다.
④ 언더컷을 방지하기 위해서는 압력각을 20도 이상으로 크게 한다.

• 정답 풀이 •

언더컷이 생겼을 때 소음이 발생하는 이유는 접촉점에서 법선 속도가 다르기 때문이다.

358 원동 기어의 잇수가 30개, 회전수는 500 [rpm]이며 종동 기어의 잇수는 90개이다. 이 조건에서의 속비는 얼마인가?

① 1/2
② 1/3
③ 3
④ 2

• 정답 풀이 •

$$속도비(i) = \frac{N_2}{N_1} = \frac{D_1}{D_2} = \frac{Z_1}{Z_2} \Rightarrow \frac{Z_1}{Z_2} = \frac{30}{90} = \frac{1}{3}$$

359 기어에 백래쉬를 주는 목적으로 옳지 <u>못한</u> 것은 무엇인가?

① 윤활유 공급에 따른 유막 두께를 위한 공간을 확보하기 위해서이다.
② 고속 회전으로 인해 열이 발생하므로 이에 따른 열팽창에 대응하기 위해서이다.
③ 이의 간섭을 방지하기 위해서이다.
④ 가공상의 오차, 피치 오차, 치형 오차에 대응하기 위해서이다.

• 정답 풀이 •

[백래쉬의 목적]
• 유막 두께를 위한 공간 확보
• 열팽창에 대응
• 가공상의 오차, 피치 오차, 치형 오차에 대응

---

360 피치원 지름 $1,000 \, [\text{mm}]$, 잇수가 50개일 때 원주피치는 얼마인가?

① 62.8 [mm]

② 628 [mm]

③ 6.28 [mm]

④ 32.8 [mm]

· 정답 풀이 ·

피치원 지름(D)=모듈(m)×잇수(Z)이므로, $1000=m \times 50$ ➡ $m=20$으로 계산된다.
원주피치$(P)=\pi \times m$이므로, $P \times 20$ ➡ 62.8 [mm]로 계산된다.

361 유성기어의 구성 요소로 옳지 <u>못한</u> 것은 무엇인가?

① 캐리어

② 링기어

③ 선기어

④ 마그식 셰이퍼

· 정답 풀이 ·

[유성기어의 구성 요소]
캐리어, 링기어, 선기어, 피니언기어 등

362 다양한 기어에 대한 설명으로 옳지 <u>못한</u> 것은 무엇인가?

① 하이포이드기어는 두 축이 엇갈린 기어이다.

② 베벨기어는 두 축이 교차하는 기어이다.

③ 스퍼기어는 두 축이 평행한 기어이다.

④ 나사기어는 두 축이 평행한 기어이다.

· 정답 풀이 ·

구분	두 축이 평행	두 축이 교차	두 축이 엇갈
종류	스퍼기어, 랙기어, 헬리컬기어 내접기어, 더블헬리컬기어 등	베벨기어, 크라운기어, 마이터기어 등	스크류기어, 웜기어, 하이포이드기어 등

363 중심 거리가 500 [mm], 모듈이 5, 원동 기어의 잇수가 10개이면 속도비는 얼마인가?

① 1/5

② 1/15

③ 1/18

④ 1/19

> **· 정답 풀이 ·**
>
> $C=(D_1+D_2)/2=m(Z_1+Z_2)/2$이므로, $500=5(10+Z_2)/2$ ➡ $Z_2=190$으로 계산된다.
> 속도비$(i)=N_2/N_1=Z_1/Z_2$이므로, 속도비는 $10/190=1/19$로 계산된다.

364 한 쌍 기어의 중심 거리가 200 [mm], 속비가 1/2, 모듈이 4이면 원동 기어의 잇수 Z_1은 몇 개인가?

① 33개

② 44개

③ 55개

④ 66개

> **· 정답 풀이 ·**
>
> $C=(D_1+D_2)/2=m(Z_1+Z_2)/2$이므로, $200=4(Z_1+Z_2)/2$ ➡ $Z_1+Z_2=100$
> 속도비$(i)=N_2/N_1=Z_1/Z_2$이므로, $1/2=Z_1/Z_2$ ➡ $Z_2=2Z_1$
> 연립하면, $3Z_1=100$이므로 Z_1은 약 33개로 계산된다.

365 모듈이 10, 잇수가 100인 표준 스퍼기어의 이끝원 지름은 몇 [mm]인가?

① 1020 [mm]

② 1030 [mm]

③ 1040 [mm]

④ 1050 [mm]

> **· 정답 풀이 ·**
>
> 이끝원 지름$(D_0)=D+2a$, 표준 스퍼기어일 경우는 $a=m$이므로 $D+2m=mZ+2m=m(Z+2)$
> 즉, $D_0=10(102)=1020$ [mm]로 계산된다.

366 웜기어를 사용하는 가장 큰 목적은 무엇인가?

① 큰 감속비
② 큰 부하 용량
③ 고속 회전
④ 조용한 운전

· 정답 풀이 ·

웜기어의 여러 가지 특징 중에서 가장 큰 목적은 큰 감속비를 얻기 위해서이다.

367 베벨 기어의 특징으로 옳지 <u>못한</u> 것은 무엇인가?

① 전달할 수 있는 토크가 크고, 고속 운전에 적합하다.
② 소음과 진동이 적다.
③ 기어와 기어의 접촉면이 크기 때문에 기어를 크게 제작해야 한다.
④ 비교적 운전이 원활하다.

· 정답 풀이 ·

[베벨 기어의 특징]
• 비교적 운전이 원활하며, 전달 토크가 크고, 고속 운전에 적합하다.
• 소음과 진동이 적다.
• 기어의 접촉면이 크기 때문에 동력을 전달하는 데 무리가 없어 기어를 작게 제작 가능!

368 헬리컬 기어의 특징으로 옳지 <u>못한</u> 것은 무엇인가?

① 물림 길이가 스퍼기어보다 길어 큰 동력을 전달할 수 있다.
② 잇줄 방향을 정면도에 3줄의 굵은 실선으로 표시하고 비틀림 방향과 각도를 기입한다.
③ 고속 운전이 가능하다.
④ 스러스트 하중이 발생하므로 스러스트 베어링을 사용한다.

· 정답 풀이 ·

헬리컬 기어는 잇줄의 방향을 정면도에 3줄의 가는 실선으로 표시한다.

정답 366 ①   367 ③   368 ②

369 헬리컬 기어에서 비틀림각이 커지면 발생하는 현상은?

① 물림률이 저하된다.
② 물림률이 향상된다.
③ 물림률이 1 이하로 감소된다.
④ 기어의 동력 손실이 발생된다.

· 정답 풀이 ·

헬리컬 기어에서 비틀림각이 증가하면 물림률도 좋아진다.
참고 헬리컬 기어의 비틀림각 범위 10~30도

370 마이터 기어에 대한 설명으로 옳지 <u>못한</u> 것은 무엇인가?

① 2개의 축이 서로 직각을 이룬다.
② 기어의 잇수가 서로 같다.
③ 잇수비가 1보다 크다.
④ 개폐 장치에 사용된다.

· 정답 풀이 ·

마이터 기어는 서로 잇수가 같기 때문에 잇수비는 1이다.

정답 369 ② 　　370 ③

13 벨트

371 벨트 전동에 대한 설명으로 옳지 <u>못한</u> 것은 무엇인가?

① 접촉 부분에 약간의 미끄럼이 있기 때문에 정확한 속도비를 얻지 못한다.
② 큰 하중이 작용하면 벨트 풀리에 큰 무리를 주어 전동 효율이 떨어진다.
③ 구조가 간단하며, 값이 싸다.
④ 비교적 정숙한 운전이 가능하다.

▶ 정답 풀이 ◀

[벨트 전동의 특징]
• 접촉 부분에 약간의 미끄럼으로 인해 정확한 속도비를 얻지 못한다.
• 큰 하중이 작용하면 미끄럼에 의한 안전 장치 역할을 할 수 있다.
• 구조가 간단하며, 값이 저렴하고, 비교적 정숙한 운전이 가능하다.

372 V벨트에 대한 특징으로 옳지 <u>못한</u> 것은 무엇인가?

① 축간 거리가 짧고 속도비가 큰 경우, 접촉각이 작은 경우에 유리한 전동이다.
② 소음 및 진동이 적으며, 미끄럼이 적어 큰 동력을 얻을 수 있다.
③ 끊어졌을 때 접합할 수 있다는 장점이 있다.
④ 벨트가 벗겨지지 않는다.

▶ 정답 풀이 ◀

[V벨트의 특징]
• 축간 거리가 짧고 속도비가 큰 경우에 적합하며, 접촉각이 작은 경우에 유리하다.
• 소음 및 진동이 적고 미끄럼이 적어 큰 동력 전달이 가능하고, 벨트가 벗겨지지 않는다.
• 바로걸기만 가능하며, 끊어졌을 때 접합이 불가능하고, 길이 조정이 불가능하다.
• 고속 운전이 가능하고, 충격 완화 및 효율이 95 [%] 이상으로 우수하다.

정답 371 ②　　　372 ③

373 V벨트의 홈 각도는 몇 도인가?

① 30도   ② 40도

③ 50도   ④ 60도

· 정답 풀이 ·

V벨트의 홈 각도는 40도이다. 반드시 암기한다.

374 V벨트에 대한 설명으로 옳지 <u>못한</u> 것은 무엇인가?

① 작은 장력으로 큰 회전력을 얻을 수 있으므로 베어링의 부담이 적다.
② 효율이 95 [%] 이상으로 매우 우수하다.
③ V벨트의 종류는 A, B, C, D, E, M형이 있다.
④ V벨트의 풀리홈 각도는 40도이다.

· 정답 풀이 ·

V벨트의 홈 각도는 40도이지만, 풀리홈 각도는 40도보다 작게 해서 더욱 쪼이게 하여 마찰력을 증대시킨다.
이에 따라 전달할 수 있는 동력이 더 커진다. 꼭 암기한다.
참고 V벨트의 풀리홈 각도는 34, 36, 38도

375 V벨트 A30 규격의 경우 벨트의 길이는 몇 [mm]인가?

① 760 [mm]   ② 762 [mm]

③ 900 [mm]   ④ 962 [mm]

· 정답 풀이 ·

A30은 단면이 A형이며, 25.4 [mm]×30＝762 [mm]가 바로 벨트의 길이이다.

376 벨트와 관련된 내용으로 옳지 <u>못한</u> 것은 무엇인가?

① 평벨트의 재료는 가죽, 고무, 직물 등이 사용되며, 충분한 인장 강도와 유연성을 가져야 한다.
② 풀리에 감겨져 그 마찰로 동력을 전달하므로 충분한 마찰을 가져야 한다.
③ 벨트의 속도가 8 [m/s]이면 원심력을 무시해도 된다.
④ 벨트는 직접 전동 장치이다.

> ◀ 정답 풀이 ▶
>
> 벨트는 간접 전동 장치이다.(예 벨트, 로프, 체인 등)
> [참고] 벨트의 속도가 10 [m/s] 이하이면 원심력을 무시해도 된다.

377 V벨트의 속도비 범위로 옳은 것은 무엇인가?

① 1 : 7∼10
② 1 : 7∼15
③ 1 : 5∼10
④ 1 : 8∼12

> ◀ 정답 풀이 ▶
>
> V벨트는 속도비가 큰 경우 사용하는데, 그 범위는 1 : 7∼10이다.
> 암기해 둔다.

378 V벨트는 수명을 고려하여 (　　)∼(　　) [m/s]의 속도로 운전을 한다. 빈칸에 해당하는 숫자의 합은?

① 18   ② 28
③ 30   ④ 32

> ◀ 정답 풀이 ▶
>
> V벨트는 수명을 고려하여 10∼18 [m/s]의 범위로 운전한다.
> 암기해 둔다.

379 풀리의 구성 요소가 <u>아닌</u> 것은 무엇인가?

① 벨트를 거는 림
② 축을 연결하는 보스
③ 원형 테이블
④ 림과 보스를 연결하는 암

> **• 정답 풀이 •**
>
> 원형 테이블은 슬로터에 있는 구성 요소이다.
>
> ---
>
> [풀리의 구성]
> 벨트를 거는 림, 축을 연결하는 보스, 림과 보스를 연결하는 암
> **참고** 풀리의 재료는 주철을 가장 많이 사용하고, 속도 30 [m/s] 이상이면 주강을 사용한다.

13 벨트

380 벨트의 탄성에 의한 미끄럼으로 벨트가 풀리의 림면을 뱀처럼 기어가는 현상은?

① 크리핑
② 플래핑
③ 서징
④ 케이테이션

> **• 정답 풀이 •**
>
> 크리핑은 벨트의 탄성에 의한 미끄럼으로 인해 벨트가 풀리의 림면을 기어가는 현상이다.

381 플래핑 현상에 대한 설명으로 옳지 <u>못한</u> 것은 무엇인가?

① 축간거리가 멀 때 발생한다.
② 벨트 전동이 저속으로 운전될 때 발생하기 쉽다.
③ 벨트가 마치 파도를 치는 듯한 현상이다.
④ 플래핑으로 인해 종동 풀리는 슬립 현상이 발생하여 원동 풀리에 비해 늦어지는 운동을 한다.

> **• 정답 풀이 •**
>
> [플래핑 현상]
> 축간거리가 길고 고속으로 벨트가 운전될 때 벨트가 마치 파도를 치는 듯한 현상이다.

정답 379 ③ 　　380 ① 　　381 ②

382 크리핑과 플래핑 현상으로 인해 종동 풀리는 몇 [%]의 슬립이 발생하는가?

① 1~2 [%]   ② 2~3 [%]
③ 3~4 [%]   ④ 4~5 [%]

· 정답 풀이 ·

크리핑과 플래핑 현상으로 종동 풀리는 2~3 [%]의 슬립이 발생하고, 원동 풀리에 비해 늦어지는 운동을 한다.

383 벨트 전동에서 동력 전달에 필요한 충분한 마찰을 얻기 위해 정지하고 있을 때 미리 벨트에 장력을 주고, 이 상태에서 풀리를 끼운다. 이 장력은 무엇인가?

① 초기장력
② 유효장력
③ 긴장측 장력
④ 이완측 장력

· 정답 풀이 ·

벨트 전동을 하기 전에 미리 장력을 줘야 탱탱한 벨트가 되고, 이에 따라 벨트와 림 사이에 충분한 마찰력을 얻을 수 있다.
참고 초기장력＝(긴장측＋인장측)/2

384 동력 전달에 필요한 회전력으로 긴장측 장력－이완측 장력은 무슨 장력인가?

① 유효장력
② 초기장력
③ 중간장력
④ 최대장력

· 정답 풀이 ·

동력 전달에 꼭 필요한 회전력은 유효장력이다.
참고 유효장력＝T_t(긴장측 장력)－T_s(이완측 장력)

정답 382 ②   383 ①   384 ①

385 긴장측 장력이 50 [N], 이완측 장력이 30 [N]이라면 동력 전달에 꼭 필요한 회전력은?

① 10 [N]
② 20 [N]
③ 40 [N]
④ 80 [N]

> **• 정답 풀이 •**
>
> 유효장력$=T_t$(긴장측 장력)$-T_s$(이완측 장력)이므로, $50-30$ ➡ 유효장력$=20$ [N]

386 긴장측 장력이 100 [N], 이완측 장력이 50 [N]이라면 초기 장력은 몇 [N]인가?

① 100 [N]
② 150 [N]
③ 75 [N]
④ 7.5 [N]

> **• 정답 풀이 •**
>
> 초기 장력$=$(긴장측$+$인장측)$/2$이므로, $100+50/2$ ➡ 초기 장력$=75$ [N]

13 벨트

387 벨트에 미리 장력을 가하는 방법이 <u>아닌</u> 것은 무엇인가?

① 벨트의 자중을 이용한다.
② 벨트의 탄성 변형을 이용한다.
③ 아이들 풀리를 사용한다.
④ 지레 장치를 사용한다.

> **• 정답 풀이 •**
>
> 지레 장치는 마찰차를 미는 데 사용하는 장치이다.
>
> ----
>
> [벨트에 미리 장력을 가하는 방법]
> • 벨트의 자중 이용
> • 벨트의 탄성 변형 이용
> • 아이들 풀리 이용

정답 385 ②   386 ③   387 ④

388 벨트 전동 장치에서 풀리 접촉면 중앙을 볼록하게 만들어 포물선 형상으로 설계하는 목적은?

① 벨트의 유연성을 높이기 위해
② 벨트가 벗겨지는 것을 방지하기 위해
③ 벨트의 인장강도를 높이기 위해
④ 전달 동력을 증가시키기 위해

• 정답 풀이 •

풀리의 접촉면 중앙을 볼록하게 하는 것은 벨트가 벗겨지는 것을 방지하기 위함이다.
또한, 이 풀리를 크라운 풀리라고 한다.

389 바로걸기에서 이완측을 위로 가게 하는 이유는 무엇인가?

① 접촉각을 크게, 미끄럼을 적게 만들어 확실한 전동을 하기 위해
② 접촉각을 크게, 미끄럼을 크게 만들어 확실한 전동을 하기 위해
③ 접촉각을 작게, 미끄럼을 적게 만들어 확실한 전동을 하기 위해
④ 접촉각을 작게, 미끄럼을 크게 만들어 확실한 전동을 하기 위해

• 정답 풀이 •

암기가 필요한 사항이니 반드시 암기해 둔다.

390 아이텔바인 식과 관련이 있는 것은 무엇인가?

① 위험속도
② 진동수
③ 각속도
④ 장력비

• 정답 풀이 •

$T_t/T_s = $ 장력비

정답 388 ② 389 ① 390 ④

391 인장 풀리에 대한 설명으로 옳지 <u>못한</u> 것은 무엇인가?

① 벨트 전동에서 원동 풀리와 종동 풀리의 직경 차이가 작을수록 효율이 떨어지는것을 방지하기 위해 사용한다.
② 접촉각을 크게 한다.
③ 두 축간거리가 짧을 때 사용한다.
④ 벨트의 이완측에 사용한다.

• 정답 풀이 •

직경 차이가 클수록 효율이 떨어져 이를 방지하고자 인장 풀리를 사용한다.

392 V벨트에서 인장 강도가 가장 큰 V벨트의 종류는?

① A   ② B
③ E   ④ M

• 정답 풀이 •

V벨트는 A, B, C, D, E, M형이 있는데, M → E형으로 갈수록 즉, M, A, B, C, D, E로 갈수록 인장 강도, 단면 치수, 허용 장력이 커진다.

393 안쪽 표면에 이가 달려 있는 벨트는 무엇인가?

① 강철벨트
② 직물벨트
③ 타이밍벨트
④ 링크벨트

• 정답 풀이 •

[타이밍벨트의 특징]
• 미끄럼이 없어 일정한 속도비를 얻을 수 있고, 고속 운전에서 소음 및 진동이 없다.
• 바로걸기만 가능하며, 유연성이 좋고 작은 풀리에도 사용할 수 있다.
• 벨트 무게에 비해 큰 동력을 전달할 수 있다.
• 축간거리가 짧아 좁은 장소에서 사용할 수 있다.

394 고무벨트에 대한 특징으로 옳지 <u>못한</u> 것은 무엇인가?

① 미끄럼이 적다.
② 습분에 약하지만 이물질에 의한 손상이 적다.
③ 직물 벨트에 고무를 붙여 제작한다.
④ 수명이 길다.

· 정답 풀이 ·

[고무벨트의 특징]
• 미끄럼이 적으며, 습분이 강하고, 이물질에 의한 송이 적다.
• 직물 벨트에 고무를 붙여 제작하고, 수명이 긴 장점이 있다.

395 밀링머신에서 보통 가장 많이 사용하는 벨트는 무엇인가?

① 강철벨트
② 평벨트
③ 고무벨트
④ V벨트

· 정답 풀이 ·

밀링머신은 큰 동력을 필요로 하기 때문에 V벨트를 사용한다.

396 V벨트의 규격이 <u>아닌</u> 것은 무엇인가?

① A형
② B형
③ E형
④ H형

· 정답 풀이 ·

V벨트의 규격으로는 A, B, C, D, E, M형이 있다.

정답 394 ② 395 ④ 396 ④

397 타이밍 벨트의 용도가 <u>아닌</u> 것은 무엇인가?

① 사무용기계
② 통신용기기
③ 자동차
④ 터빈

> ● 정답 풀이 ●
>
> [타이밍 벨트의 용도]
> 사무용기계, 가전기기, 자동차, 통신용기기, 제조기계 등

398 타이밍 벨트의 특징으로 옳지 <u>못한</u> 것은 무엇인가?

① 미끄럼이 없어 일정한 속도비를 얻을 수 있다.
② 엇걸기가 가능하다.
③ 벨트 무게에 비해 큰 동력을 전달할 수 있다.
④ 축간거리가 짧아 좁은 장소에서 사용할 수 있다.

> ● 정답 풀이 ●
>
> [타이밍 벨트의 특징]
> • 미끄럼이 없어 일정한 속도비를 얻을 수 있고, 고속 운전에서 소음 및 진동이 없다.
> • 바로걸기만 가능하며, 유연성이 좋고 작은 풀리에도 사용할 수 있다.
> • 벨트 무게에 비해 큰 동력을 전달할 수 있다.
> • 축간거리가 짧아 좁은 장소에서 사용할 수 있다.

399 특수 치형 곡선의 종류가 <u>아닌</u> 것은 무엇인가?

① 정현 곡선
② 슈크로이드 곡선
③ 트로코이드 곡선
④ 정접 곡선

> ● 정답 풀이 ●
>
> [특수 치형 곡선의 종류]
> 정현 곡선, 슈크로이드 곡선, 트로코이드 곡선

정답 397 ④   398 ②   399 ④

400 V벨트에 대한 설명으로 옳지 <u>못한</u> 것은 무엇인가?

① 규격 E형은 단면 치수가 가장 크고, 인장강도는 작다.
② 규격 M형은 바깥둘레로 호칭 번호를 나타낸다.
③ V벨트의 종류는 A, B, C, D, E, M형 총 6가지가 있다.
④ V벨트는 수명을 고려하여 10~18 [m/s]의 속도로 운전한다.

· 정답 풀이 ·

규격은 A, B, C, D, E, M형이 있고, M → E형으로 갈수록 인장 강도, 단면 치수, 허용 장력이 증가!

401 긴장측 장력 1,000 [N], 이완측 장력 500 [N], 속도가 10 [m/s]라면 평벨트의 전달 동력은 몇 [kW]인가?

① 5 [kW]
② 6 [kW]
③ 7 [kW]
④ 8 [kW]

· 정답 풀이 ·

유효장력(P_e)$=T_t-T_s$이므로, $1000-500$ ➡ $P_e=500$ [N]
전달마력(kW)$=P_e \times V/1000$이므로, $500 \times 10/1000$ ➡ 5 [kW]로 계산된다.

402 벨트의 거는 방법에 대한 특징으로 옳지 <u>못한</u> 것은 무엇인가?

① 바로걸기는 엇걸기보다 접촉각이 크다.
② 엇걸기의 너비는 가능한 한 좁게 설계한다.
③ 엇걸기는 바로걸기보다 전달할 수 있는 동력이 크다.
④ 엇걸기는 전달동력이 크지만 벨트에 비틀림이 발생하여 벨트가 마멸하기 쉽다.

· 정답 풀이 ·

[바로걸기 vs 엇걸기의 특징]
• 엇걸기(십자걸기=크로스걸기)는 바로걸기(오픈걸기)보다 접촉각이 커서 더 큰 동력을 전달
• 엇걸기의 너비는 좁게 설계한다. 또한 벨트에 비틀림이 발생하여 마멸이 발생하기 쉽다.
• 엇걸기는 비틀림에 대응하기 위해 축간거리를 벨트 너비의 20배 이상으로 해야 한다.

14 로프와 체인

403 로프 전동에 대한 특징으로 옳지 못한 것은 무엇인가?

① 긴 거리 사이의 동력 전달이 가능하다.
② 큰 동력 전달에는 벨트 전동보다 우수하다.
③ 원동축에서 종동축에 동력을 분배할 때 적합한 전동이다.
④ 벨트 전동에 비해 미끄럼이 많지만 고속에 더 적합하다.

• 정답 풀이 •

로프 전동은 벨트 전동에 비해 미끄럼이 적다.

- -

[로프 전동의 특징]
• 긴 거리 사이의 동력 전달이 가능하다.
• 큰 전동에도 풀리의 너비를 작게 할 수 있으며, 큰 동력 전달에는 벨트보다 우수하다.
• 벨트에 비해 미끄럼이 적고, 고속에 적합하며, 전동 경로가 직선 및 곡선도 가능하다.
• 전동이 불확실하며, 절단되면 수리가 곤란하고, 조정이 어렵고, 장치가 복잡하다.
• 로프의 용도는 케이블카, 크레인, 엘리베이터 등에 사용된다.

404 와이어 로프의 크기는 무엇으로 표시하는가?

① 내접원의 둘레
② 내접원의 넓이
③ 외접원의 둘레
④ 외접원의 넓이

• 정답 풀이 •

와이어 로프의 크기는 [외접원의 둘레＝거드] 또는 [단면적의 외접원]으로 표시한다.

405 와이어 로프가 동력을 전달할 수 있는 거리의 범위는?

① 30~70 [m]
② 50~100 [m]
③ 70~120 [m]
④ 90~140 [m]

• 정답 풀이 •

와이어 로프는 50~100 [m], 섬유질 로프는 10~30 [m]이다.

406 일반적인 로프의 크기는 무엇으로 표시하는가?

① 로프 중앙의 가상 원주와 유효둘레[cm]로 표시한다.
② 로프 하단의 가상 원주와 유효둘레[cm]로 표시한다.
③ 로프 중앙의 가상 원주와 유효둘레[in]로 표시한다.
④ 로프 하단의 가상 원주와 유효둘레[in]로 표시한다.

• 정답 풀이 •

암기가 필요한 사항이다. 반드시 암기해 둔다.

407 로프를 거는 방법 중 병렬식의 특징으로 옳지 못한 것은 무엇인가?

① 풀리 사이에 로프를 서로 독립되게 감는 방식으로, 하중이 각 로프에 고르게 분배된다.
② 로프 전체의 초기 장력을 동일하게 하기 어렵다.
③ 초기 장력이 큰 로프에는 고부하가 걸린다.
④ 로프 1가닥이 끊어지면 운전이 불가능하다.

• 정답 풀이 •

[병렬식＝단독식＝영국식의 특징]
• 풀리 사이에 로프를 서로 독립되게 감는 방식으로, 하중이 각 로프에 고르게 분배된다.
• 로프 전체의 초기 장력을 동일하게 하기 어려워 초기 장력이 큰 로프는 고부하가 걸린다.
• 단독식이므로 로프 1가닥이 끊어져도 운전이 가능하다.
• 설비비가 저렴하나, 이음매 수가 많아 진동이 발생한다.

정답 405 ② 406 ③ 407 ④

408 로프를 거는 방법 중 연속식의 특징으로 옳지 <u>못한</u> 것은 무엇인가?

① 긴 로프 1가닥을 2개의 로프 풀리에 여러 번 감는 방식이다.
② 로프의 한 곳만 끊어져도 운전이 불가능하다.
③ 장력은 전체 로프에 다르게 전달되나, 이음매 수가 적어 좋다.
④ 인장 풀리에 의해 초기 장력을 자유롭게 조절할 수 있다.

> **· 정답 풀이 ·**
>
> [연속식＝미국식의 특징]
> · 긴 로프 1가닥을 2개의 풀리에 여러 번 감는 방식이므로 장력은 전체 로프에 동일하다.
> · 인장 풀리에 의해 초기 장력을 자유롭게 조절할 수 있다.
> · 이음매 수가 적어서 좋으나, 로프의 한 곳만 끊어져도 운전이 불가능하며, 설비비가 비싸다.

409 간접 전동 장치이면서 이와 이가 맞물려 동력을 전달시키는 장치는?

① 키
③ 캠
② 기어
④ 체인

> **· 정답 풀이 ·**
>
> 벨트나 로프는 풀리와의 마찰에 의한 전동이지만 체인은 이와 이가 맞물려 동력을 전달한다.

410 체인의 특징으로 옳지 <u>못한</u> 것은 무엇인가?

① 미끄럼이 없어 정확한 속비를 얻을 수 있고, 효율이 95 [%] 이상이다.
② 초기 장력이 필요하다.
③ 체인의 길이 조정이 가능하며, 다축 전동이 용이하다.
④ 유지 및 수리가 용이하다.

> **· 정답 풀이 ·**
>
> [체인의 특징]
> · 초기 장력을 줄 필요가 없어 정지 시 장력이 작용하지 않고, 베어링에도 하중이 작용하지 않는다.
> · 미끄럼이 없어 정확한 속비를 얻으며, 효율이 95 [%] 이상이고, 접촉각은 90도 이상이다.
> · 체인의 길이는 조정이 가능하고, 다축 전동이 용이하며, 탄성에 의한 충격을 흡수할 수 있다.
> · 유지 및 보수가 용이하지만, 소음과 진동이 발생하고, 고속 회전은 부적당하며, 윤활이 필요하다.

정답 408 ③   409 ④   410 ②

411 체인의 특징으로 옳지 <u>못한</u> 것은 무엇인가?

① 초기 장력을 줄 필요가 없으므로 정지 시 장력이 작용하지 않는다.
② 고속 회전은 부적당하며, 윤활이 필요하다.
③ 체인은 축간거리가 짧고 기어 전동이 불가능할 때 사용한다.
④ 미끄럼으로 인해 정확한 속비를 얻을 수 없다.

> ▶ 정답 풀이 ◀
>
> 체인은 이와 이가 맞물리기 때문에 미끄럼이 적어 정확한 속비를 얻을 수 있다.
> 또한, 체인은 내열, 내습, 내유성이 있음을 꼭 암기해 둔다.

412 피치가 5 [mm]라면 체인의 축간거리 범위는 얼마인가?

① 200~250 [mm]
② 250~300 [mm]
③ 300~350 [mm]
④ 350~400 [mm]

> ▶ 정답 풀이 ◀
>
> 체인의 일반적인 축간거리는 $(40{\sim}50) \times p$이다. 따라서 $(40{\sim}50) \times 5$이므로 200~250 [mm]

413 체인의 피치가 20 [mm], 잇수가 40개인 스프로킷 휠이 300 [rpm]으로 회전한다면 체인의 평균 속도는 몇 [m/s]인가?

① 1 [m/s]
② 2 [m/s]
③ 3 [m/s]
④ 4 [m/s]

> ▶ 정답 풀이 ◀
>
> 속도$(v) = \pi \times D \times N/60000 = Z \times P \times N/60000$이므로, $40 \times 20 \times 300/60000$ ➡ 4 [m/s]로 계산된다.

정답 411 ④   412 ①   413 ④

414 체인 링크의 수가 홀수 개라면 무엇을 사용해야 하는가?

① 롤러체인을 사용해야 한다.
② 사일런트체인을 사용한다.
③ 피치를 증가시킨 체인을 사용한다.
④ 오프셋링크를 사용한다.

• 정답 풀이 •

오프셋링크를 사용하면 체인의 링크 수를 홀수 개로 할 수 있다.

415 전달할 수 있는 동력의 크기가 큰 순서대로 나열한 것은?

① 체인 > 로프 > V벨트 > 평벨트
② 로프 > 체인 > V벨트 > 평벨트
③ V벨트 > 로프 > 체인 > 평벨트
④ V벨트 > 체인 > 로프 > 평벨트

• 정답 풀이 •

[전달 동력의 크기]
체인 > 로프 > V벨트 > 평벨트

416 체인에 대한 설명으로 옳지 <u>못한</u> 것은 무엇인가?

① 고른 마모를 위해 스프로킷 휠의 잇수는 홀수가 좋다.
② 체인의 링크 수는 짝수가 적합하나, 옵셋 링크를 사용하면 홀수도 가능하다.
③ 체인의 평균 속도는 4 [m/s] 이하이며, 보통 2~5 [m/s]이고, 최대는 10 [m/s]까지이다.
④ 충분한 전동과 신뢰성 높은 회전을 하려면 스프로킷 휠의 잇수는 최소 17개 이상이어야 한다.

• 정답 풀이 •

체인의 평균 속도는 4 [m/s] 이하, 보통 2~5 [m/s]는 맞지만 최대 속도는 8 [m/s]이다.
그 이상이 되면 체인이 출렁출렁하기 때문에 에너지가 손실된다.

417 충분한 전동과 신뢰성 높은 회전을 하려면 스프로킷 휠의 잇수는 최소 몇 개 이상이어야 하는가?

① 15개
② 16개
③ 17개
④ 18개

• 정답 풀이 •

암기가 필요한 사항이다. 보통 스프로킷 휠의 잇수는 10~70개가 좋다.

418 체인 전동에서 소음과 진동의 발생을 줄이기 위해 피치와 잇수는 각각 어떻게 설계해야 하는가?

① 피치는 작게 하며, 잇수는 많게 설계한다.
② 피치는 크게 하며, 잇수도 많게 설계한다.
③ 피치는 작게 하며, 잇수는 적게 설계한다.
④ 피치는 작게 하며, 잇수도 적게 설계한다.

• 정답 풀이 •

체인에서 소음과 진동의 발생을 줄이려면 피치는 작게 하고, 잇수는 많게 설계한다.
이 말은 조밀하게 이를 설계함으로써 이와 이가 물리는 행위를 많게 하여 미끄럼을 적게 하겠다는 의미와 동일하다.

419 체인의 속도 변동률 식으로 옳은 것은 무엇인가?

① $1-\cos[\pi]$
② $1-\sin[\pi]$
③ $1-\cos[\pi/Z]$
④ $1-\sin[\pi/Z]$

• 정답 풀이 •

속도 변동률$=[V_{max}-V_{min}/V_{max}]=1-\cos(180/Z)=1-\cos(\pi/Z)$이다.
속도 변동률은 유도가 가능하지만 암기하는 것이 훨씬 편하다. 꼭 암기해 둔다.

정답 417 ③   418 ①   419 ③

420 사일런트 체인의 보통 속도 범위는 얼마인가?

① 1~2 [m/s]
② 2~3 [m/s]
③ 3~5 [m/s]
④ 4~6 [m/s]

• 정답 풀이 •

사일런트 체인의 속도는 7 [m/s] 이하로 하는 것이 일반적이다.
굳이 범위를 정하면 보통 4~6 [m/s]로 운전하는 것이 적합하다.

421 링크가 스프로킷에 비스듬히 미끄러져 들어가 맞물려 있어 롤러 체인보다 소음이 적은 체인은 무엇인가?

① 롤러 체인
② 코일 체인
③ 사일런트 체인
④ 오프셋 체인

• 정답 풀이 •

문제는 사일런트 체인의 설명으로 롤러체인보다 소음이 적은 장점이 있다.

422 사일런트 체인의 면각 종류로 옳은 것은?

① 52, 60, 70, 80도
② 50, 60, 70, 80도
③ 62, 70, 80, 90도
④ 72, 80, 90, 100도

• 정답 풀이 •

[사일런트 체인의 면각]: 링크의 양 끝 경사면이 맺는 각
• 52, 60, 70, 80도
• 피치가 클수록 면각은 작은 것을 사용한다.

정답 420 ④   421 ③   422 ①

423 사일런트 체인의 특징으로 옳지 **못한** 것은 무엇인가?

① 높은 정밀도가 요구되기 때문에 가공이 어려운 단점이 있다.
② 전동 효율은 95~98 [%] 이상이다.
③ 고속 회전을 하면 소음이 발생한다.
④ 스프로킷 휠과 접촉하는 면적이 크기 때문에 운전의 신뢰성이 높다.

• 정답 풀이 •

사일런트 체인은 고속 회전을 해도 소음이 발생하지 않는다.

424 고속에는 부적합하나 체인 블록으로 무거운 물건을 들어올릴 때 사용하는 체인은?

① 부시드 체인
② 스터드 체인
③ 코일 체인
④ 사일런트 체인

• 정답 풀이 •

코일 체인은 고속 운전에는 부적합하지만, 체인 블록을 사용하여 무거운 물건을 들어올릴 때 사용하는 체인이다.

425 가장 널리 사용되는 전동용 체인으로, 저속에서 고속까지 범위가 넓게 사용되는 체인은 무엇인가?

① 롤러 체인
② 사일런트 체인
③ 핀틀 체인
④ 부시드 체인

• 정답 풀이 •

롤러 체인은 2장의 강판제 링크를 2개의 핀으로 고정한 체인으로 가장 널리 사용되는 전동용 체인이며, 저속~고속까지 범위가 넓게 사용된다.

정답 423 ③   424 ③   425 ①

426 랭꼬임에 대한 특징으로 옳지 <u>못한</u> 것은 무엇인가?

① 스트랜드의 꼬임 방향과 로프를 구성하는 소선을 꼬는 방향이 같은 꼬임 방법이다.
② 경사가 완만하므로 접촉 면적이 작다.
③ 마멸에 의한 손상이 적어 내구성이 높다.
④ 유연성이 보통꼬임보다 좋다.

• 정답 풀이 •

[랭꼬임의 특징]
• 스트랜드 꼬임의 방향과 로프를 구성하는 소선을 꼬는 방향이 같다.
• 경사가 완만하기 때문에 접촉 면적이 크고 마멸에 의한 손상이 적어 내구성이 높다.
• 유연성이 보통 꼬임보다 우수하나, 엉키어 풀리기 쉽기 때문에 취급하는 데 주의해야 한다.
참고 보통꼬임의 특징은 랭꼬임과 반대이다. 1가지의 꼬임 특징만 암기해 둔다.

427 로프의 꼬임에 대한 설명으로 옳지 <u>못한</u> 것은 무엇인가?

① S꼬임은 왼쪽 꼬임 즉, 왼나사와 같은 방향으로 꼬는 것이다.
② 보통꼬임은 스트랜드의 꼬임 방향과 로프를 구성하는 소선을 꼬는 방향이 반대이다.
③ 일반적으로 Z꼬임이 S꼬임보다 많이 사용된다.
④ 로프는 병렬식이 연속식보다 효율이 좋다.

• 정답 풀이 •

로프의 효율은 연속식이 병렬식보다 좋다. 즉, 로프의 효율을 높이기 위해서는 1가닥의 긴 로프를 여러 번 감는 것이 더욱 더 효율적이다.
참고 Z꼬임은 꼬임이 오른나사, S꼬임은 꼬임이 왼나사와 같다.

428 체인의 번호를 선정하는 하중의 종류로 옳은 것은 무엇인가?

① 파단하중   ② 정하중
③ 회전하중   ④ 유효하중

• 정답 풀이 •

• 체인의 번호를 선정하는 하중: 파단하중, 절단하중
암기해 둔다.

정답 426 ② 　　427 ④ 　　428 ①

15 브레이크

429 회전축에 고정시킨 브레이크 드럼에 브레이크 블록을 눌러 그 마찰력으로 제동하는 브레이크는 무엇인가?

① 블록 브레이크
② 드럼 브레이크
③ 원판 브레이크
④ 자동하중 브레이크

• 정답 풀이 •

블록 브레이크는 브레이크의 드럼의 한 쪽에서 블록을 눌러 발생하는 마찰력으로 제동하는 브레이크이다.

430 브레이크 블록이 확장되면서 원통형 회전체의 내부에 접촉하여 제동하는 브레이크는 무엇인가?

① 원판 브레이크
② 드럼 브레이크
③ 자동하중 브레이크
④ 폴 브레이크

• 정답 풀이 •

드럼 브레이크, 즉 내확 브레이크는 브레이크 드럼의 내부에서 브레이크 블록이 안에서 밖으로 확장되면서 그에 따른 마찰력으로 제동하는 브레이크이다.

431 브레이크 드럼 축에서 $1,000\,[\mathrm{N \cdot m}]$의 토크가 작용하고 있을 때 이 축을 정지시키는 데 필요한 최소 제동력은 얼마인가? (단, 브레이크 드럼의 지름은 $500\,[\mathrm{mm}]$)

① $1,000\,[\mathrm{N}]$
② $2,000\,[\mathrm{N}]$
③ $3,000\,[\mathrm{N}]$
④ $4,000\,[\mathrm{N}]$

• 정답 풀이 •

브레이크 드럼을 제동하는 제동토크(T)

$$T = \mu P \frac{D}{2} = f \frac{D}{2}$$

➡ $T = 500\,[\mathrm{N \cdot m}]$, $D = 500\,[\mathrm{mm}]$이고, f(드럼의 접선 방향 제동력)는 $f = \mu P$
  (μ는 브레이크 드럼과 블록 사이의 마찰계수)

➡ $f = \dfrac{2T}{D} = \dfrac{2 \times 1000}{0.5} = 4,000\,[\mathrm{N}]$

정답 429 ① 　 430 ② 　 431 ④

432 반경 방향으로 밀어붙이는 브레이크가 <u>아닌</u> 것은?

① 블록 브레이크
② 밴드 브레이크
③ 드럼 브레이크
④ 원추 브레이크

> **• 정답 풀이 •**
>
> **[반경 방향으로 밀어붙이는 형식]**
> 외부 수축식(블록 브레이크, 밴드 브레이크), 드럼 브레이크(내확 브레이크)
>
> **[축 방향으로 밀어붙이는 형식]**
> 축압 브레이크(원판 브레이크, 원추 브레이크)

433 자동 하중 브레이크의 종류가 <u>아닌</u> 것은 무엇인가?

① 웜
② 나사
③ 원심
④ 원추

> **• 정답 풀이 •**
>
> 자동 하중 브레이크는 윈치나 크레인 등에서 큰 하중을 감아올릴 때와 같은 정상적인 회전은 브레이크를 작용하지 않고 하중을 내릴 때와 같은 반대 회전의 경우에 자동적으로 브레이크가 걸려 하중의 낙하 속도를 조절하거나 정지시킨다.
> **참고** 자동 하중 브레이크의 종류는 웜, 나사, 원심, 로프, 캠, 코일 등이 있다.

434 마찰력을 이용하지 <u>않는</u> 브레이크는 무엇인가?

① 폴 브레이크
② 원추 브레이크
③ 원판 브레이크
④ 드럼 브레이크

> **• 정답 풀이 •**
>
> 폴 브레이크는 마찰력을 이용하지 않으며, 기중기, 축의 역전 방지 기구로 사용된다.

15 브레이크

정답 432 ④ 　　 433 ④ 　　 434 ①

435 브레이크 드럼 지름이 500 [mm], 브레이크에 반경 방향으로 작용하는 하중이 50 [N], 마찰계수가 0.2라면 브레이크 드럼에 작용하는 토크는 얼마인가?

① 2,500 [N · mm]
② 3,500 [N · mm]
③ 4,500 [N · mm]
④ 5,500 [N · mm]

· 정답 풀이 ·

제동 토크(T)$=\mu \times Q \times D/2$이므로, $0.2 \times 50 \times 500/2 = 2,500$ [N · mm]로 계산된다.

436 브레이크 용량의 식으로 옳은 것은 무엇인가?

① 마찰계수 × 브레이크 압력 × 브레이크 드럼의 원주 속도
② 마찰계수 + 브레이크 압력 + 브레이크 드럼의 원주 속도
③ 마찰계수 + 브레이크 압력 − 브레이크 드럼의 원주 속도
④ (마찰계수 × 브레이크 압력 × 브레이크 드럼의 원주 속도)/2

· 정답 풀이 ·

브레이크의 용량은 마찰계수 × 브레이크 압력 × 브레이크 드럼의 원주 속도

437 블록 브레이크 드럼 지름 300 [mm], 제동력이 300 [N]이라면 제동 토크는 얼마인가?

① 35,000 [N · mm]
② 45,000 [N · mm]
③ 55,000 [N · mm]
④ 65,000 [N · mm]

· 정답 풀이 ·

제동 토크(T)$=\dfrac{f \times D}{2}$이므로, $300 \times 300/2 = 45,000$ [N · mm]로 계산된다.

정답 435 ①   436 ①   437 ②

438 내확 브레이크에 대한 설명으로 옳지 못한 것은 무엇인가?

① 복식 블록 브레이크의 변형된 형식으로 2개의 브레이크슈가 드럼의 안쪽에서 바깥쪽으로 확장되어 브레이크 드럼에 접촉되어 발생된 마찰력으로 제동된다.
② 브레이크슈를 바깥으로 확장하는 데 유압 실린더 및 캠을 사용한다.
③ 자동차의 제동에 사용된다.
④ 먼지와 기름이 마찰면에 부착될 수 있다.

• 정답 풀이 •

내확 브레이크(드럼 브레이크)는 브레이크슈가 안쪽에서 바깥쪽으로 확장되어 브레이크 드럼의 내부에 접촉되어 발생하는 마찰로 제동한다. 따라서 마찰면이 드럼 내부에 존재하기 때문에 먼지와 기름 등의 이물질이 마찰면에 부착되지 않는다.

439 원판 브레이크에 대한 설명으로 옳지 못한 것은 무엇인가?

① 축 방향 하중에 의해 발생하는 마찰력으로 제동한다.
② 원판의 개수에 따라 단판 또는 다판으로 구분된다.
③ 마찰면이 원판이고, 냉각이 쉬운 장점이 있으나, 큰 회전력의 제동에는 부적합하다.
④ 축압 브레이크의 일종이다.

• 정답 풀이 •

[원판 브레이크의 특징]
축 방향 하중에 의해 제동하며, 냉각이 쉽고, 큰 회전력의 제동에 적합하다.

440 브레이크 드럼의 바깥에 감겨 있는 밴드에 장력을 주어 밴드와 브레이크 드럼 사이에 발생하는 마찰로 제동하는 브레이크는 무엇인가?

① 밴드 브레이크
② 원추 브레이크
③ 원판 브레이크
④ 내확 브레이크

• 정답 풀이 •

밴드 브레이크는 마찰계수를 크게 하기 위해 벨트 안쪽면에 나무, 가죽, 석면으로 라이닝한다.

정답 438 ④   439 ③   440 ①

441 냉각이 쉽고 큰 회전력의 제동에 적합한 브레이크는 무엇인가?

① 원판 브레이크
② 밴드 브레이크
③ 내확 브레이크
④ 폴 브레이크

· 정답 풀이 ·

냉각이 쉽고 큰 회전력의 제동에 적합한 브레이크는 원판 브레이크이다.

442 브레이크 드럼의 재료로 적합한 것은 무엇인가?

① 주철
② 니켈
③ 두랄루민
④ 실루민

· 정답 풀이 ·

브레이크 드럼의 재료로는 주철 및 주강이 일반적으로 사용된다.
참고 블록의 재료는 주철에 가죽, 목재, 석면 등을 라이닝하여 마찰계수를 높인다.
참고 브레이크 블록과 드럼의 틈새는 2~3 [mm]이다.

443 단식 블록 브레이크에 대한 설명으로 옳지 <u>못한</u> 것은 무엇인가?

① 브레이크의 드럼에 하나의 브레이크 블록으로 구성되어 있다.
② 큰 제동력을 얻기 어렵다.
③ 축에 비틀림 모멘트가 발생하며, 레버 조작력은 100~150 [N]이 필요하다.
④ 블록과 드럼 사이의 마찰로 제동하는 브레이크이다.

· 정답 풀이 ·

[단식 블록 브레이크의 특징]
· 축에 휨 모멘트가 발생하기 때문에 큰 회전력의 제동에는 적합하지 못하다.
· 작은 제동 토크에 적합하며, 레버의 조작력은 100~150 [N]이 필요하다.
참고 복식 블록 브레이크는 크레인이나 전동 윈치에 사용한다.

정답 441 ①   442 ①   443 ③

444 밴드 브레이크의 밴드 접촉각 범위는 얼마인가?

① 90~180도
② 180~270도
③ 200~250도
④ 250~300도

• 정답 풀이 •

밴드 브레이크의 밴드 접촉각 범위는 180~270도이다.

445 관성차에 대한 설명으로 옳지 <u>못한</u> 것은 무엇인가?

① 모터의 동력 용량을 최대화시키는 기계요소이다.
② 관성 모멘트를 사용하여 운동 에너지를 흡수하거나 방출하거나 저장하는 역할을 한다.
③ 각속도의 변동이 발생하지 않도록 해 준다.
④ 플라이휠이라고도 불린다.

• 정답 풀이 •

[플라이휠(관성차)에 대한 설명]
• 모터의 동력 용량을 최소화시키는 기계요소이다.
• 관성 모멘트를 사용하여 운동 에너지를 흡수하거나 방출하거나 저장하는 역할을 한다.
• 각속도의 변동이 발생하지 않도록 한다.

446 자동차에 사용하는 브레이크의 종류는 무엇인가?

① 내확 브레이크
② 폴 브레이크
③ 자동하중 브레이크
④ 밴드 브레이크

• 정답 풀이 •

내확 브레이크는 자동차에 사용되는 대표적인 브레이크이다.
반드시 암기해 둔다.

15 브레이크

16 스프링

447 스프링의 자유높이와 코일의 평균지름의 비는 무엇인가?

① 스프링의 종횡비 ② 스프링의 처짐
③ 스프링의 중량 ④ 스프링 지수

> ▶ 정답 풀이 ◀
>
> 스프링의 종횡비＝스프링의 자유높이/코일의 평균지름＝H/D
> 참고 • 자유높이는 스프링에 하중이 작용하지 않을 때의 높이
>   • 종횡비가 너무 크면 작은 힘에도 스프링이 잘 휘어진다.
>   • 스프링의 종횡비 범위는 0.8～4가 적당!

448 코일의 평균지름과 소선 지름의 비는 무엇인가?

① 스프링 상수 ② 스프링 지수
③ 스프링 처짐 ④ 스프링 무게

> ▶ 정답 풀이 ◀
>
> 스프링 지수＝코일의 평균지름/소선의 지름＝D/d＝스프링 곡률의 척도
> 참고 스프링 지수의 범위는 4～12가 적당!

449 스프링의 자유높이가 100 [mm]이며, 코일의 평균 지름이 20 [mm]이다. 이 스프링에 하중이 작용하면 어떤 현상이 발생하는가?

① 작은 하중에도 휘어질 염려가 있다.
② 큰 하중에도 버틸 수 있다.
③ 종횡비와 하중은 관계가 없다.
④ 어떤 현상도 발생하지 않는다.

> ▶ 정답 풀이 ◀
>
> 스프링 종횡비를 구하면 H/D이므로 100/20＝5로 계산된다.
> 적합한 스프링 종횡비의 범위는 0.8～4인데, 그 범위를 초과하므로 이 스프링은 작은 하중에도 휘어질 염려가 있는 스프링이라고 판단할 수 있다.

정답 447 ① 448 ② 449 ①

450 스프링에 대한 설명으로 옳지 <u>못한</u> 것은 무엇인가?

① 원판 스프링은 비선형 스프링이다.
② 코일 스프링은 선형 스프링이다.
③ 접시 스프링에서 스프링이 같은 방향으로 겹쳐져 있으면 직렬조합, 서로 다른 방향으로 겹쳐져 있으면 병렬조합으로 간주한다.
④ 스프링의 종횡비가 너무 크면 작은 하중에도 스프링이 휘어질 염려가 있다.

· 정답 풀이 ·

접시 스프링에서 스프링이 같은 방향으로 겹쳐져 있으면 병렬조합, 서로 다른 방향으로 겹쳐져 있으면 직렬조합으로 간주한다.
참고 선형 스프링에는 코일 스프링이 있고, 비선형 스프링에는 원판 스프링, 접시 스프링이 있다.

451 폭이 좁고 긴 얇은 판을 여러 장 겹쳐 사용하는 것으로 협소한 장소에서 큰 하중을 받을 때 사용하는 스프링은 무엇인가?

① 겹판 스프링
② 벌류트 스프링
③ 접시 스프링
④ 코일 스프링

· 정답 풀이 ·

겹판 스프링은 폭이 좁고 얇은 판을 여러 장 겹쳐 사용하는 것으로, 좁은 장소에서 큰 하중을 받을 때 사용하는 스프링이다.

452 자동차의 차체에 사용하는 스프링은 무엇인가?

① 리프 스프링
② 접시 스프링
③ 코일 스프링
④ 시계용 스프링

· 정답 풀이 ·

자동차의 차체나 현가 장치에 사용하는 스프링은 겹판 스프링＝리프 스프링이다.

정답 450 ③　　　451 ①　　　452 ①

453 단위 중량당 에너지 흡수율이 크며, 경량이고, 구조가 간단한 것은?

① 토션바
② 겹판 스프링
③ 관성차
④ 브레이크

• 정답 풀이 •

토션바는 단위 중량당 에너지 흡수율이 크고, 경량이며, 구조가 간단하다.

454 비틀림 변형을 이용한 스프링으로 자동차의 현가장치에 사용하는 것은?

① 토션바
② 원판 스프링
③ 접시 스프링
④ 겹판 스프링

• 정답 풀이 •

자동차의 현가장치에 사용하는 스프링은 토션바, 겹판 스프링이다.
헷갈릴 수 있지만 비틀림 변형이라는 키포인트 단어가 나오면 토션바를 선택한다.

455 스프링의 사용 목적과 용도를 옳게 짝지어진 것이 <u>아닌</u> 것은?

① 스프링의 복원력 — 스프링 와셔
② 에너지를 축적하고, 이를 동력으로 전달 — 시계의 태엽
③ 진동이나 충격 완화 — 자동차의 현가장치
④ 하중과 변형의 관계 — 밸브

• 정답 풀이 •

하중과 변형의 관계를 이용한 스프링의 용도는 저울이다.

정답 453 ①   454 ①   455 ④

456 형상에 의한 스프링의 분류에 포함되지 <u>않는</u> 스프링은?

① 코일 스프링
② 스파이럴 스프링
③ 벌류트 스프링
④ 토션바 스프링

• 정답 풀이 •

• 하중에 의한 분류: 압축 스프링, 인장 스프링, 토션바(비틀림 변형)
• 형상에 의한 분류: 판 스프링, 코일 스프링, 스파이럴 스프링, 벌류트 스프링

457 코일 스프링을 설계할 때 고려해야 할 사항이 <u>아닌</u> 것은?

① 전단 응력
② 인장 응력
③ 유효 감김수
④ 좌굴

• 정답 풀이 •

코일 스프링은 거의 압축 하중을 받아 인장 응력이 거의 없기 때문에 무시해도 된다.

458 토션바에서 토크를 구하는 식으로 옳은 것은 무엇인가?

① 토크(T)=K(비틀림 스프링 상수)$\times\phi$(비틀림각)
② 토크(T)=K(비틀림 스프링 상수)$/\phi$(비틀림각)
③ 토크(T)=K(비틀림 스프링 상수)$+\phi$(비틀림각)
④ 토크(T)=K(비틀림 스프링 상수)$\times\phi$(비틀림각)$/2$

• 정답 풀이 •

토션바에서 토크(T)=K(비틀림 스프링 상수)$\times\phi$(비틀림각)

16 스프링

459 스프링에 작용하는 진동수가 스프링의 고유 진동수와 같아져서 공진하는 현상을 무엇이라고 하는가?

① 서징 현상
② 공진 현상
③ 맥동 현상
④ 숨돌리기 현상

•정답 풀이•

서징 현상은 스프링에 작용하는 진동수가 스프링의 고유 진동수와 같아져 공진하는 현상이다.

460 토션바에 대한 설명으로 옳지 못한 것은 무엇인가?

① 막대의 하단을 비틀면 발생하는 비틀림 변형을 이용한 스프링이다.
② 에너지 흡수율이 크고 경량이다. 즉, 큰 에너지를 축적할 수 있다.
③ 가공이 쉽지만 비용이 비싸다.
④ 용도는 자동차의 현가장치에 사용한다.

•정답 풀이•

[토션바의 특징]
• 에너지 흡수율이 크고 경량이며, 구조가 간단하다. 즉, 큰 에너지를 축적할 수 있다.
• 막대의 하단을 비틀면 발생하는 비틀림 변형을 이용한다.
• 가공이 어렵고 비용이 비싸다.
• 용도는 자동차의 현가장치에 대표적으로 사용된다.

461 코일 스프링에서 코일의 평균 지름이 3배가 되면 처짐은 몇 배가 되는가?

① 1/27배
② 1/81배
③ 27배
④ 81배

•정답 풀이•

처짐$=8nPD^3/Gd^4$ 식에서 보면 처짐은 코일의 평균 지름 3승에 비례하므로 27배가 된다.

정답 459 ①   460 ③   461 ③

462 병렬인 2개의 스프링이 있다. 한 스프링의 스프링 상수는 $30\,[\text{N/mm}]$, 다른 스프링의 스프링 상수는 $40\,[\text{N/mm}]$이다. 이때 하중이 $500\,[\text{N}]$이 작용한다면 스프링의 처짐은?

① $7.14\,[\text{mm}]$

② $8.14\,[\text{mm}]$

③ $9.24\,[\text{mm}]$

④ $10.34\,[\text{mm}]$

· 정답 풀이 ·

병렬이므로 등가 스프링 상수는 $30+40=70\,[\text{N/mm}]$

여기에 하중 $500\,[\text{N}]$이 작용한다면, $F=Kx$이므로 $500/70$ ➡ $x(처짐)=7.14\,[\text{mm}]$

463 코일의 평균 지름이 $50\,[\text{mm}]$, 소선의 지름이 $5\,[\text{mm}]$라면 스프링 지수는 얼마인가?

① 5

② 10

③ 20

④ 25

· 정답 풀이 ·

스프링 지수는 코일의 평균 지름(D)/소선의 지름(d)이므로, $50/5=10$으로 계산된다.

17 관

464 가격이 저렴하고 내식성이 우수해서 수도관에 사용하는 관은?

① 주철관 ② 강관
③ 나무관 ④ 스테인리스강관

• 정답 풀이 •

주철관은 가격이 저렴하고 내식성이 우수해 수도관에 사용한다.

465 일반적으로 파이프의 크기는 무엇으로 표시하는가?

① 바깥지름 ② 안지름
③ 골지름 ④ 호칭지름

• 정답 풀이 •

파이프의 크기는 안지름으로 표시한다.

466 호칭치수를 바깥지름×두께로 정하는 관이 <u>아닌</u> 것은?

① 구리관
② 황동관
③ 알루미늄관
④ 납관

• 정답 풀이 •

• 호칭치수를 바깥지름×두께로 정하는 관: 구리관, 황동관, 알루미늄관 등
• 호칭치수를 안지름×두께로 정하는 관: 납관

정답 464 ① 465 ② 466 ④

467 주철관의 특징으로 옳지 <u>못한</u> 것은 무엇인가?

① 주철관은 강관에 비해 충격에 약하다.
② 주철관은 관 내면에 스케일이 발생할 수 있다.
③ 주철관은 접합부의 이탈이 쉽게 발생한다.
④ 주철관은 가볍고 값이 싸다.

· 정답 풀이 ·

[주철관의 특징]
• 주철관은 강관에 비해 충격에 약하며 무겁다.
• 값이 저렴하다.
• 주철관은 내구성, 시공성이 우수하다.
• 관 내면에 스케일이 발생할 수 있다.
• 접합부의 이탈이 쉽게 발생하고, 주철관은 용접을 할 수 없다.
• 가스수송관, 배수용, 수도용 관으로 사용된다.

468 스테인리스 강관의 최고 사용 온도 범위는?

① 500~600도
② 650~800도
③ 800~900도
④ 900~1000도

· 정답 풀이 ·

[스테인리스 강관의 특징]
• 내식성, 내열성이 좋고 고온 및 저온용 배관에 사용한다.
• 최고 사용 온도는 650~800도이다.
• 호칭치수는 바깥지름으로 나타낸다.

18 밸브

469 유체를 한 방향으로만 흐르게 하여 역류를 방지하는 밸브는?

① 볼 밸브 ② 집류 밸브
③ 체크 밸브 ④ 앵글 밸브

• 정답 풀이 •

- **볼 밸브**: 개폐 부분에 구멍이 있는 공 모양의 밸브가 있어 이를 회전시켜 개폐한다. (저압 및 가스라인에 사용)
- **집류 밸브**: 압력에 상관없이 유량을 일정하게 유지시켜 주는 밸브이다.
- **체크 밸브**: 유체를 한 방향으로만 흐르게 하여 역류를 방지하는 밸브이다.
- **앵글 밸브**: 유체의 흐름을 90도 바꿔주는 밸브이다.

470 유체의 방향을 90도로 바꾸어 흐르게 하는 밸브는?

① 앵글 밸브 ② 슬루스 밸브
③ 스톱 밸브 ④ 셔틀 밸브

• 정답 풀이 •

- **앵글 밸브의 목적**: 유량 조절, 방향 전환, 흐름 단속, 압력 조절 등

471 판상의 밸브판이 흐름이 직각으로 미끄러져 유로를 개폐하는 밸브는?

① 슬루스 밸브 ② 니들 밸브
③ 버터플라이 밸브 ④ 콕

• 정답 풀이 •

- **슬루스 밸브**: 판상의 밸브관이 흐름의 직각으로 미끄러져 유로를 개폐하는 밸브

정답 469 ③　　470 ①　　471 ①

472 게이트 밸브라고도 하며, 밸브의 판이 유체의 흐름에 직각으로 작용하는 밸브는?

① 슬루스 밸브　　　　　　　　　② 스톱 밸브

③ 집류 밸브　　　　　　　　　　④ 셔틀 밸브

· 정답 풀이 ·

게이트 밸브(슬루스 밸브)는 밸브의 판이 유체의 흐름이 직각으로 작용하는 밸브이다.

참고 게이트 밸브는 유로의 중간에 설치해서 흐름을 차단하는 대표적인 개폐용 밸브이다.

473 리프트 밸브의 종류가 <u>아닌</u> 것은 무엇인가?

① 스톱 밸브　　　　　　　　　　② 앵글 밸브

③ 니들 밸브　　　　　　　　　　④ 게이트 밸브

· 정답 풀이 ·

· **리프트 밸브의 종류**: 스톱 밸브, 앵글 밸브, 니들 밸브, 글로브 밸브

🖉 암기법: 스앵니글!

474 워터 해머링(수격 현상)을 방지하는 체크 밸브는 무엇인가?

① 스모렌스키 체크 벨브　　　　　② 봄브 체크 벨브

③ 프로와르스키 체크 밸브　　　　④ 코오살리 체크 밸브

· 정답 풀이 ·

암기해야 할 사항이다. 반드시 암기해 둔다.

475 안전밸브의 종류에서 가장 많이 사용되는 종류는?

① 스프링식　　　　　　　　　　② 레버식

③ 중추식　　　　　　　　　　　④ 공기식

· 정답 풀이 ·

안전밸브의 종류는 스프링식, 레버식, 중추식이 있고, 가장 많이 사용되는 안전밸브는 스프링식 안전밸브이다.

476 콕에 대한 설명으로 옳지 <u>못한</u> 것은 무엇인가?

① 원통 및 원뿔의 플러그를 90도 회전시켜 개폐가 이루어지고, 구조가 간단하다.

② 원뿔 플러그의 테이퍼는 1/5이다.

③ 콕은 개폐 속도가 빠르며, 전개 시 저항이 크다.

④ 유로 변환에 적합하다.

▶ 정답 풀이 ◀

[콕의 특징]
- 원통 및 원뿔의 플러그를 90도 회전시켜 개폐가 이루어지고, 구조가 간단하다.
- 꼭지를 1/4회전하면 완전 개폐되므로 콕은 개폐 속도가 빠르다.
- 콕이 완전하게 열린 상태에서 저항이 가장 작다.
- 저압용으로 사용하며, 전개 시 저항이 작다.
- 청동이나 주철로 제작한다.
- 원뿔 플러그의 테이퍼는 1/5이다.
- 유로 변환에 적합하다.

정답 476 ③

Memo

Truth of Machine

PART

II

실전 모의고사

1회 실전 모의고사

1문제당 2점 / 점수 [   ]점

┈→ 정답과 해설: p.182

01 유체의 흐름을 180도로 바꾸어 주는 관 이음쇠는 무엇인가?

① 리턴밴드
② 엘보
③ 신축 이음
④ 소켓

02 열응력이 발생하는 곳에 사용하는 이음은?

① 신축 이음
② 밸로우즈 이음
③ 플랜지 이음
④ 플레어리스 이음

03 나사 기어라고도 하며, 비틀림각이 서로 <u>다른</u> 헬리컬 기어를 엇갈리게 조합한 기어는?

① 스퍼 기어
② 하이포이드 기어
③ 스크류 기어
④ 헤링본 기어

04 유량을 작게 줄이며, 작은 힘으로 정확하게 유체의 흐름을 차단할 수 있는 밸브는?

① 니들 밸브
② 게이트 밸브
③ 앵글 밸브
④ 셔틀 밸브

05 유체의 입구와 출구가 직각으로 유체의 흐름을 90도 전환할 수 있는 밸브는?

① 앵글 밸브
② 집류 밸브
③ 교축 밸브
④ 셔틀 밸브

06 유체의 흐름이 S자 모양이 되는 밸브는?

① 글로브 밸브
② 스톱 밸브
③ 집류 밸브
④ 니들 밸브

07 밸브가 소형이며, 온도와 압력이 높지 않을 때 사용하는 밸브의 재료는?

① 청동
② 강
③ 황동
④ 합금강

08 냉각이 쉽고 큰 회전력의 제동에 적합한 브레이크는 무엇인가?

① 원판 브레이크
② 밴드 브레이크
③ 내확 브레이크
④ 폴 브레이크

09 볼트의 구멍이 크고, 접촉면이 거치거나 큰 면압을 피할 때 사용하는 너트는?

① 플랜지 너트
② 나비 너트
③ 캡 너트
④ 육각 너트

10 반달키에 대한 설명으로 옳지 못한 것은 무엇인가?

① 키와 보스가 결합할 때, 자동적으로 자리조정이 된다.
② 50 [mm] 이하의 축에 일반적으로 사용되며, 특히 테이퍼축에 사용된다.
③ 축에 깊게 가공되어 축의 강도가 약해지는 단점이 있다.
④ 우드러프키라고도 불리운다.

11 너트의 풀림 방지 방법으로 옳지 <u>못한</u> 것은 무엇인가?

① 분할핀 사용
② 로크 너트 사용
③ 큰 나사 사용
④ 자동죔 너트 사용

12 머프 커플링에 대한 특징으로 옳지 <u>못한</u> 것은 무엇인가?

① 주철제 원통 속에서 두 축을 키로 결합한 것이다.
② 축지름과 하중이 작을 때 사용하는 간단한 커플링이다.
③ 인장력이 작용하는 축에 적합하다.
④ 사용할 때 안전 덮개를 씌어야 하는 번거로움이 있다.

13 벨트 전동에 대한 설명으로 옳지 <u>못한</u> 것은 무엇인가?

① 접촉 부분에 약간의 미끄럼이 있기 때문에 정확한 속도비를 얻지 못한다.
② 큰 하중이 작용하면 벨트 풀리에 큰 무리를 주어 전동 효율이 떨어진다.
③ 구조가 간단하며 값이 싸다.
④ 비교적 정숙한 운전이 가능하다.

14 V벨트에 대한 특징으로 옳지 <u>못한</u> 것은 무엇인가?

① 축간거리가 짧고 속도비가 큰 경우, 접촉각이 작은 경우에 유리한 전동이다.
② 소음 및 진동이 적으며 미끄럼이 적어 큰 동력을 얻을 수 있다.
③ 끊어졌을 때 접합이 가능한 장점이 있다.
④ 벨트가 벗겨지지 않는다.

15 접선키는 보스의 양쪽으로 대칭하게 키가 달려 있고, 이 두 개의 키의 중심각은 일반적으로 120도이다. 그렇다면 중심각이 90도인 키를 무엇이라고 하는가?

① 우드러프키
② 케네디키
③ 에릭슨키
④ 토트넘키

16 축 → 보스 → 키의 순서로 결합을 완료하는 키는 무엇인가?

① 세트키
② 드라이빙키
③ 접선키
④ 패더키

17 공작기계의 테이블에 공작물을 고정시킬 때 사용하는 볼트는?

① 스크류 볼트
② T 볼트
③ 캡 볼트
④ 리머 볼트

18 기계설비를 콘크리트 바닥면에 설치할 때 사용하는 볼트는?

① 기초 볼트
② 플랜지 볼트
③ 아이 볼트
④ 스테이 볼트

19 리벳의 재료로 적합하지 <u>않는</u> 것은 무엇인가?

① 경합금
② 연강
③ 두랄루민
④ 니켈

20 무단 변속 마찰차의 종류가 <u>아닌</u> 것은 무엇인가?

① 원판 마찰차
② 크라운 마찰차
③ 에반스 마찰차
④ 원통 마찰차

회 실전 모의고사 **정답과 해설**

01	①	02	①	03	③	04	①	05	①	06	①	07	①	08	①	09	①	10	②
11	③	12	③	13	②	14	③	15	②	16	②	17	②	18	①	19	①	20	④

01
정답 ①

유체의 흐름을 180도로 바꾸어 주는 관 이음쇠는 리턴밴드이다.

02
정답 ①

열응력이 작용하는 곳에 사용하는 이음은 신축 이음이다.

03
정답 ③

스크류 기어는 비틀림각이 서로 다른 헬리컬 기어를 엇갈리게 조합한 기어이다.

04
정답 ①

니들 밸브는 유량을 작게 줄이고 작은 힘으로 정확하게 유체의 흐름을 차단한다.

05
정답 ①

앵글 밸브는 유체의 입출구가 직각으로 유체의 흐름을 90도 전환할 수 있다.

06
정답 ①

글로브 밸브는 유체의 흐름이 S자 모양이 된다.

07
정답 ①

[밸브의 재료]
- 밸브가 소형이며 온도와 압력이 그리 높지 않을 때: 청동
- 고온, 고압일 때: 강

08
정답 ①

냉각이 쉽고 큰 회전력의 제동이 가능한 브레이크는 원판 브레이크이다.

09
정답 ①

플랜지 너트는 볼트 구멍이 크고 접촉면이 거치거나 큰 면압을 피할 때 사용한다.

10
정답 ②

반달키＝우드러프키는 60 [mm] 이하의 축에 사용한다.

11
정답 ③

큰 나사가 아니라 작은 나사를 사용하여 너트의 풀림을 방지한다.

[풀림 방지법]
로크 너트, 철사, 와셔, 작은 나사, 자동죔 너트, 분할핀, 플라스틱 플러그

12
정답 ③

머프 커플링은 인장력이 작용하는 축에 사용하지 못한다.

13
정답 ②

벨트에서 미끄럼은 큰 하중이 작용하면 안전장치 역할을 한다. 따라서 풀리에 큰 무리를 준다는 것은 옳지 못한 보기이다.

14

정답 ③

V벨트는 끊어졌을 때 접합이 불가능하다.

15

정답 ②

접선키의 종류로 중심각이 90도인 키는 케네디키이다.

16

정답 ②

축 → 보스 → 키의 순서로 결합을 완료하는 키는 드라이빙키이다.
축 → 키 → 보스의 순서로 결합을 완료하는 키는 세트키이다.

🖉 암기법 --
새끼...새키...로 암기하면 헷갈리지 않고 쉽게 암기할 수 있다.

17

정답 ②

공작기계의 테이블에 공작물을 고정시키기 위해 사용하는 볼트는 T볼트이다.

18

정답 ①

콘크리트의 바닥면에 기계설비를 고정시키기 위해 사용하는 볼트는 기초볼트이다.

19

정답 ①

리벳의 재료로 경합금 및 동은 알루미늄 합금과 반응을 일으켜 부식되기 때문에 적합하지 못하다. 또한, 주철은 취성이 있기 때문에 깨질 위험이 있으므로 적합하지 못하다.

[리벳의 재료]
연강, 두랄루민, 알루미늄, 구리, 황동, 저탄소강, 니켈

🖉 암기법 --
연두알구황저니

20

[무단 변속 마찰차의 종류]

에반스 마찰차, 구면차, 원추 마찰차, 원판(크라운) 마찰차 등

2회 실전 모의고사

1문제당 2점 / 점수 [   ]점

···▶ 정답과 해설: p.190

01 배관의 색깔에서 공기는 무슨 색깔인가?

① 진한 적색
② 백색
③ 황색
④ 청색

02 회전운동을 직선운동으로 바꾸는 데 사용하는 장치가 <u>아닌</u> 것은?

① 캠과 캠기구
② 랙과 피니언
③ 크랭크와 슬라이더기구
④ 웜기어

03 볼나사의 특징으로 옳지 <u>못한</u> 것은 무엇인가?

① 정밀도가 높고 윤활은 소량으로도 충분하다.
② 축 방향의 백래시를 작게 할 수 있다.
③ 마찰이 작아 정확하고 미세한 이송이 가능하다.
④ 가격이 비싼 단점이 있으나, 자동체결이 가능하다.

04 먼지나 이물질 등이 들어가기 쉬운 제품에 사용하는 나사는?

① 둥근나사
② 볼나사
③ 태핑나사
④ 미터나사

05 키가 전달할 수 있는 토크, 즉 동력전달 크기가 가장 큰 키는 무엇인가?

① 세레이션
② 스플라인
③ 묻힘키
④ 접선키

06 마찰차에 대한 특징으로 옳지 <u>못한</u> 것은 무엇인가?

① 속도비의 변화가 가능하다.
② 회전 속도가 커서 기어를 사용할 수 없는 경우에 사용한다.
③ 미끄럼이 발생하기 때문에 정확한 속도비는 기대할 수 없다.
④ 큰 동력의 전달이 가능하며, 전동 효율이 좋다.

07 헬리컬 기어에 대한 특징으로 옳지 <u>못한</u> 것은 무엇인가?

① 고속 운전이 가능하며, 축간거리를 조절할 수 있고, 소음 및 진동이 적다.
② 물림률이 좋아 스퍼 기어보다 동력 전달이 좋다.
③ 축 방향으로 추력이 발생하므로 스러스트 베어링이 필요하다.
④ 최소 잇수가 평기어보다 많으므로 큰 회전비를 얻을 수 있다.

08 브레이크 블록이 확장되면서 원통형 회전체의 내부에 접촉하여 제동하는 브레이크는 무엇인가?

① 원판 브레이크
② 드럼 브레이크
③ 자동하중 브레이크
④ 폴 브레이크

09 웜기어에 대한 설명으로 옳지 <u>못한</u> 것은 무엇인가?

① 작은 용량으로 큰 감속비를 얻을 수 있다.
② 진입각이 클수록 효율이 나빠진다.
③ 리드각이 작으면 역전을 방지할 수 있다.
④ 소음 및 진동이 적고, 교환성이 없다.

10 테이퍼핀의 기울기와 호칭지름에 대한 설명으로 옳은 것은 무엇인가?

① 1/50, 가장 큰 부분의 지름
② 1/50, 가장 가는 부분의 지름
③ 1/5, 가장 큰 부분의 지름
④ 1/5, 가장 가는 부분의 지름

11 전위기어의 사용 목적이 <u>아닌</u> 것은 무엇인가?

① 중심거리를 자유롭게 조절하기 위해
② 이의 강도를 개선하기 위해
③ 물림률과 미끄럼률을 증가시키기 위해
④ 언더컷을 방지하기 위해

12 물림률을 구하는 식으로 옳은 것은 무엇인가?

① 접촉호의 길이/원주피치
② 접촉호의 길이/법선피치
③ 물림길이/원주피치
④ 물림길이/모듈

13 간접 전동 장치가 <u>아닌</u> 것은 무엇인가?

① 벨트
② 체인
③ 로프
④ 마찰차

14 여러 키에 대한 설명으로 옳지 <u>못한</u> 것은 무엇인가?

① 미끄럼키는 패더키 또는 안내키라고도 불리운다.
② 우드러프키는 축의 강도가 약해지는 단점이 있다.
③ 접선키의 일반적인 중심각은 120도이다.
④ 보스의 원주 상에 수많은 삼각형이 있는 것을 스플라인이라고 한다.

15 피치가 5 [mm]인 두줄나사의 리드는 얼마인가?

① 5 [mm]
② 10 [mm]
③ 15 [mm]
④ 20 [mm]

16 구름 베어링의 구성 요소가 <u>아닌</u> 것은 무엇인가?

① 외륜
② 내륜
③ 전동체
④ 베어링하우징

17 구름 베어링의 구성에서 전동체와 리테이너는 무슨 접촉을 하는가?

① 구름접촉
② 면접촉
③ 미끄럼접촉
④ 점접촉

18 축의 용도에 따른 분류로 옳지 <u>못한</u> 것은 무엇인가?

① 차축
② 스핀들축
③ 전동축
④ 크랭크축

19 고정 커플링의 종류로 옳지 <u>못한</u> 것은 무엇인가?

① 머프 커플링
② 반중첩 커플링
③ 분할 원통 커플링
④ 플렉시블 커플링

20 주철제의 원통 속에서 두 축을 맞대고 키로 결합한 커플링은 무엇인가?

① 머프 커플링
② 테이퍼 슬리브 커플링
③ 반중첩 커플링
④ 클램프 커플링(분할 원통 커플링)

실전 모의고사 정답과 해설

01	②	02	④	03	④	04	①	05	①	06	④	07	④	08	②	09	②	10	②
11	③	12	①	13	④	14	④	15	②	16	④	17	③	18	④	19	④	20	①

01 　　　　　　　　　　　　　　　　　　　　　정답 ②

[배관의 색깔]

물	증기	공기	가스	기름	산, 알칼리	전기
청색	진한 적색	백색	황색	진한 황적	회색	엷은 황적
W	S	A	G	O		

02 　　　　　　　　　　　　　　　　　　　　　정답 ④

웜기어는 회전운동을 직선운동으로 변화시킬 수 없다.

[회전운동 → 직선운동으로 변환]
캠과 캠기구, 크랭크와 슬라이더기구, 랙과 피니언
원동절과 종동절 등

03 　　　　　　　　　　　　　　　　　　　　　정답 ④

볼나사는 자동 체결이 곤란하다.

04 　　　　　　　　　　　　　　　　　　　　　정답 ①

먼지나 이물질이 들어가기 쉬운 곳에는 둥근나사(너클나사)를 사용한다.

05

정답 ①

[키의 토크 전달 크기 순서]
세레이션 > 스플라인 > 접선키 > 묻힘키 > 반달키 > 평키 > 안장키 > 핀키 = 둥근키

06

정답 ④

마찰차는 미끄럼이 발생하여 큰 동력을 전달할 수 없다.

07

정답 ④

헬리컬 기어는 평기어보다 최소잇수가 적어 큰 회전비를 얻을 수 있다.

08

정답 ②

드럼 브레이크는 브레이크 블록이 확장되어 회전체의 내부에 접촉하여 제동한다.

09

정답 ②

진입각이 클수록 웜기어의 효율은 좋아진다.

10

정답 ②

테이퍼핀의 기울기는 1/50이며, 호칭지름은 가장 가는 부분의 지름이다.

11

정답 ③

[전위기어의 사용 목적]
• 중심거리를 자유롭게 조절하기 위해
• 이의 강도를 개선하기 위해
• 물림률을 증가시키기 위해
• 언더컷을 방지하기 위해
• 최소 잇수를 적게 하기 위해

12

정답 ①

물림률＝접촉호의 길이/원주피치＝물림길이/법선피치

13

정답 ④

[직접 전동 장치]
직접 접촉을 통해 얻어지는 마찰로 동력을 전달하는 장치(마찰차, 기어 등)

[간접 전동 장치]
간접 접촉을 통해 얻어지는 마찰로 동력을 전달하는 장치(벨트, 체인, 로프 등)

14

정답 ④

보스의 원주 상에 수많은 삼각형이 있는 것은 세레이션이라고 한다.

참고
자동차의 핸들 축에 사용하는 것은 세레이션 축이다.

15

정답 ②

나사의 리드＝줄수×피치＝$n \times p$이므로, $2 \times 5 = 10$ [mm]로 계산된다.

참고
다줄나사가 한줄나사보다 리드가 크기 때문에 빨리 풀고 조이기 쉽다.

16

정답 ④

베어링하우징은 미끄럼 베어링의 구성 요소이다.

[구름 베어링의 구성요소]
내륜, 전동체(볼, 롤러), 외륜, 리테이너

17

정답 ③

내륜－전동체－외륜은 구름 접촉!
전동체－리테이너는 미끄럼 접촉!

18

정답 ④

[축의 모양에 따른 분류]
직선축, 크랭크축, 플렉시블축

[축의 용도에 따른 분류]
차축, 스핀들축, 전동축

19

정답 ④

고정 커플링은 일직선 상에 있는 2개의 축을 볼트와 키로 결합할 때 사용한다.

[고정 커플링의 종류]
• **원통형 커플링**: 머프, 반중첩, 마찰 원통, 분할 원통, 셀러 커플링 등
• **플랜지 커플링**

20

정답 ①

[머프 커플링의 특징]
• 축 지름과 하중이 작을 때 사용하며, 인장력이 작용하는 축에는 부적당하다.
• 안전덮개를 씌어야 한다.

Truth of Machine

부 록

01 꼭 알아야 할 필수 내용

1 기계 위험점 6가지

① 절단점
   회전하는 운동부 자체, 운동하는 기계 부분 자체의 위험점(날, 커터)

② 물림점
   회전하는 2개의 회전체에 물려 들어가는 위험점(롤러기기)

③ 협착점
   왕복 운동 부분과 고정 부분 사이에 형성되는 위험점(프레스, 창문)

④ 끼임점
   고정 부분과 회전하는 부분 사이에 형성되는 위험점(연삭기)

⑤ 접선 물림점
   회전하는 부분의 접선 방향으로 물려 들어가는 위험점(밸트-풀리)

⑥ 회전 말림점
   회전하는 물체에 머리카락이나 작업봉 등이 말려 들어가는 위험점

2 기호

• 밸브 기호

	일반밸브		게이트밸브
	체크밸브		체크밸브
	볼밸브		글로브밸브
	안전밸브		앵글밸브
	팽창밸브		일반 콕

• 배관 이음 기호

	나사 이음		플랜지 이음
	용접 이음		유니온 이음

신축 이음

관 속 유체의 온도 변화에 따라 배관이 열팽창 또는 수축하는데, 이를 흡수하기 위해 신축 이음을 설치한다. 따라서 직선 길이가 긴 배관에서는 배관의 도중에 일정 길이마다 신축 이음쇠를 설치한다.

❖ 신축 이음의 종류

① 슬리브형(미끄러짐형): 단식과 복식이 있고 물, 증기, 가스, 기름, 공기 등의 배관에 사용한다. 이음쇠 본체와 슬리브 파이프로 구성되어 있으며, 관의 팽창 및 수축은 본체 속을 미끄러지는 이음쇠 파이프에 의해 흡수된다. 특징으로는 신축량이 크고, 신축으로 인한 응력이 발생하지 않는다. 직선 이음으로 설치 공간이 작다. 배관에 곡선 부분이 있으면 신축 이음재에 비틀림이 생겨 파손의 원인이 된다. 장시간 사용 시 패킹재의 마모로 누수의 원인이 된다.

② 벨로우즈형(팩레스 이음): 벨로우즈의 변형으로 신축을 흡수한다. 설치 공간이 작고 자체 응력 및 누설이 없다는 특징이 있다. 보통 벨로우즈의 재질은 부식이 되지 않는 황동이나 스테인리스강을 사용한다. 고온 배관에는 부적당하다.

③ 루프형(신축 곡관형): 고온, 고압의 옥외 배관에 사용하는 신축 곡관으로 강관 또는 동관을 루프 모양으로 구부려 배관의 신축을 흡수한다. 즉, 관 자체의 가요성을 이용한 것이다. 설치 공간이 크고, 고온 고압의 옥외 배관에 많이 사용한다. 자체 응력이 발생하지만, 누설이 없다. 곡률 반경은 관경의 6배이다.

④ 스위블형: 증기, 온수 난방에 주로 사용하는 스위블형은 2개 이상의 엘보를 사용하여 이음부 나사의 회전을 이용해 신축을 흡수한다. 쉽게 설치할 수 있고, 굴곡부에 압력이 강하게 생긴다. 신축성이 큰 배관에는 누설 염려가 있다.

⑤ 볼조인트형: 증기, 물, 기름 등의 배관에서 사용되는 볼조인트형은 볼조인트 신축 이음쇠와 오프셋 배관을 이용해서 관의 신축을 흡수한다. 2차원 평면상의 변위와 3차원 입체적인 변위까지 흡수하고, 어떤 형태의 변위에도 배관이 안전하고 설치 공간이 작다.

⑥ 플렉시블 튜브형: 가요관이라고 하며, 배관에서 진동 및 신축을 흡수한다. 구체적으로 플렉시블 튜브는 인청동 및 스테인리스강의 가늘고 긴 벨로즈의 바깥을 탄성력이 풍부한 철망, 구리망 등으로 피복하여 보강한 것으로, 배관 중 편심이 심하거나 진동을 흡수할 목적으로 사용된다.

❖ 신축 허용 길이가 큰 순서

루프형 > 슬리브형 > 벨로우즈형 > 스위블형

관 이음쇠 종류

① 관을 도중에서 분기할 때

Y배관, 티, 크로스티

② 배관 방향을 전환할 때

엘보, 밴드

③ 같은 지름의 관을 직선 연결할 때

소켓, 니플, 플랜지, 유니온

④ 이경관을 연결할 때

이경티, 이경엘보, 부싱, 레듀셔

※ 이경관: 지름이 서로 다른 관과 관을 접속하는 데 사용하는 관 이음쇠

⑤ 관의 끝을 막을 때

플러그, 캡

⑥ 이종 금속관을 연결할 때

CM어댑터, SUS소켓, PB소켓, 링 조인트 소켓

5 수격 현상(워터 헤머링)

배관 속 유체의 흐름을 급히 차단시켰을 때 유체의 운동에너지가 압력에너지로 전환되면서 배관 내에 탄성파가 왕복하게 된다. 이에 따라 배관이 파손될 수 있다.

❖ 원인

• 펌프가 갑자기 정지될 때

• 급히 밸브를 개폐할 때

• 정상 운전 시 유체의 압력에 변동이 생길 때

❖ 방지

• 관로의 직경을 크게 한다.

• 관로 내의 유속을 낮게 한다(유속은 1.5~2m/s로 보통 유지).

• 관로에서 일부 고압수를 방출한다.

• 조압 수조를 관선에 설치하여 적정 압력을 유지한다.
  (부압 발생 장소에 공기를 자동적으로 흡입시켜 이상 부압을 경감한다.)

• 펌프에 플라이 휠을 설치하여 펌프의 속도가 급격하게 변화하는 것을 막는다.
  (관성을 증가시켜 회전수와 관 내 유속의 변화를 느리게 한다.)

• 펌프 송출구 가까이에 밸브를 설치한다.
  (펌프 송출구에 수격을 방지하는 체크밸브를 달아 역류를 막는다.)

• 에어챔버를 설치하여 축적하고 있는 압력에너지를 방출한다.

• 펌프의 속도가 급격히 변하는 것을 방지한다(회전체의 관성 모멘트를 크게 한다.).

6 공동 현상(캐비테이션)

펌프의 흡입측 배관 내의 물의 정압이 기존의 증기압보다 낮아져서 기포가 발생되는 현상으로, 펌프와 흡수면 사이의 수직 거리가 너무 길 때 관 속을 유동하고 있는 물속의 어느 부분이 고온일수록 포화 증기압에 비례하여 상승할 때 발생한다.

• 소음과 진동 발생, 관 부식, 임펠러 손상, 펌프의 성능 저하를 유발한다.

• 양정 곡선과 효율 곡선의 저하, 깃의 침식, 펌프 효율 저하, 심한 충격을 발생시킨다.

❖ 방지
• 실양정이 크게 변동해도 토출량이 과대하게 증가하지 않도록 주의한다.

• 스톱밸브를 지양하고, 슬루스밸브를 사용하며, 펌프의 흡입 수두를 작게 한다.

• 유속을 3.5m/s 이하로 유지시키고, 펌프의 설치 위치를 낮춘다.

• 마찰 저항이 작은 흡인관을 사용하여 흡입관 손실을 줄인다.

• 펌프의 임펠러 속도(회전수)를 작게 한다(흡입 비교 회전도를 낮춘다.).

• 펌프의 설치 위치를 수원보다 낮게 한다.

• 양흡입 펌프를 사용한다(펌프의 흡입측을 가압한다.).

• 관 내 물의 정압을 그때의 증기압보다 높게 한다.

• 흡입관의 구경을 크게 하며, 배관을 완만하고 짧게 한다.

• 펌프를 2개 이상 설치한다.

• 유압 회로에서 기름의 정도는 800ct를 넘지 않아야 한다.

• 압축 펌프를 사용하고, 회전차를 수중에 완전히 잠기게 한다.

맥동 현상(서징 현상)

펌프, 송풍기 등이 운전 중 한숨을 쉬는 것과 같은 상태가 되어 펌프인 경우 입구와 출구의 진공계, 압력계의 지침이 흔들리고 동시에 송출 유량이 변화하는 현상이다. 즉, 송출 압력과 송출 유량 사이에 주기적인 변동이 발생하는 현상이다.

❖ 원인
- 펌프의 양정 곡선이 산고 곡선이고, 곡선의 산고 상승부에서 운전했을 때

- 배관 중에 수조가 있을 때 또는 기체 상태의 부분이 있을 때

- 유량 조절 밸브가 탱크 뒤쪽에 있을 때

- 배관 중에 물탱크나 공기탱크가 있을 때

❖ 방지
- 바이패스 관로를 설치하여 운전점이 항상 우향 하강 특성이 되도록 한다.

- 우향 하강 특성을 가진 펌프를 사용한다.

- 유량 조절 밸브를 기체 상태가 존재하는 부분의 상류에 설치한다.

- 송출측에 바이패스를 설치하여 펌프로 송출한 물의 일부를 흡입측으로 되돌려 소요량만큼 전방으로 송출한다.

8 축 추력

단흡입 회전차에 있어 전면 측벽과 후면 측벽에 작용하는 정압에 차이가 생기기 때문에 축 방향으로 힘이 작용하게 된다. 이것을 축 추력이라고 한다.

❖ 축 추력 방지법

• 양흡입형의 회전차를 사용한다.

• 평형공을 설치한다

• 후면 측벽에 방사상의 리브를 설치한다.

• 스러스트베어링을 설치하여 축추력을 방지한다.

• 다단 펌프에서는 단수만큼의 회전차를 반대 방향으로 배열하여 자기 평형시킨다.

• 평형 원판을 사용한다.

9 증기압

어떤 물질이 일정한 온도에서 열평형 상태가 되는 증기의 압력

- 증기압이 클수록 증발하는 속도가 빠르다.

- 분자의 운동이 커지면 증기압이 증가한다.

- 증기 분자의 질량이 작을수록 큰 증기압을 나타내는 경향이 있다.

- 기압계에 수은을 이용하는 것이 적합한 이유는 증기압이 낮기 때문이다.

- 쉽게 증발하는 휘발성 액체는 증기압이 높다.

- 증기압은 밀폐된 용기 내의 액체 표면을 탈출하는 증기의 양이 액체 속으로 재침투하는 증기의 양과 같을 때의 압력이다.

- 유동하는 액체 내부에서 압력이 증기압보다 낮아지면 액체가 기화하는 공동 현상이 발생한다.

- 액체의 온도가 상승하면 증기압이 증가한다.

- 증발과 응축이 평형상태일 때의 압력을 포화증기압이라고 한다.

⑩ 냉동 능력, 미국 냉동톤, 제빙톤, 냉각톤, 보일러 마력

① 냉동 능력

단위 시간에 증발기에서 흡수하는 열량을 냉동 능력[kcal/hr]
- 냉동 효과: 증발기에서 냉매 1kg이 흡수하는 열량
- 1냉동톤(냉동 능력의 단위): 0도의 물 1톤을 24시간 이내에 0도의 얼음으로 바꾸는 데 제거해야 할 열량 및 그 능력

② 1USRT

32°F의 물 1톤(2,000lb)을 24시간 동안에 32°F의 얼음으로 만드는 데 제거해야 할 열량 및 그 능력
- 1미국 냉동톤(USRT): 3,024kcal/hr

③ 제빙톤

25℃의 물 1톤을 24시간 동안에 −9℃의 얼음으로 만드는 데 제거해야 할 열량 또는 그 능력(열손실은 20%로 가산한다)
- 1제빙톤: 1.65RT

④ 냉각톤

냉동기의 냉동 능력 1USRT당 응축기에서 제거해야 할 열량으로, 이때 압축기에서 가하는 엔탈피를 860kcal/hr라고 가정한다.
- 1 CRT: 3,884kcal/hr

⑤ 1보일러 마력

100℃의 물 15.65kg을 1시간 이내에 100℃의 증기로 만드는 데 필요한 열량
- 100℃의 물에서 100℃의 증기까지 만드는 데 필요한 증발 잠열: 539kcal/kg
- 1보일러 마력: $539 \times 15.65 = 8435.35$kcal/hr

❖ 용빙조: 얼음을 약간 녹여 탈빙하는 과정
❖ 얼음의 융해열: 0℃ 물 → 0℃ 얼음 또는 0℃ 얼음 → 0℃ 물 (79.68kcal/kg)

열전달 방법

두 물체의 온도가 평형이 될 때까지 고온에서 저온으로 열이 이동하는 현상이 열전달이다.

전도
물체가 접촉되어 있을 때 온도가 높은 물체의 분자 운동이 충돌이라는 과정을 통해 분자 운동이 느린 분자를 빠르게 운동시킨다. 즉, 열이 물체 속을 이동하는 일이다. 결국 고체 속 분자들의 충돌로 열을 전달시킨다(열전도도 순서는 고체, 액체, 기체의 순으로 작게 된다.).
- 고체 물체 내에서 발생하는 유일한 열전달이며, 고체, 액체, 기체에서 모두 발생할 수 있다.
- 철봉 한쪽을 가열하면 반대쪽까지 데워지는 것을 전도라고 한다.
- 매개체인 고체 물질, 즉 매질이 있어야 열이 이동할 수 있다.
- $Q = KA\left(\dfrac{dT}{dx}\right)$ (단, x: 벽 두께, K: 열전도계수, dT: 온도차)

대류
물질이 열을 가지고 이동하여 열을 전달하는 것이다.
- 라면을 끓일 때 냄비의 물을 가열하는 것, 방 안의 공기가 뜨거워지는 것
- 액체 또는 기체 상태의 물질이 열을 받으면 운동이 빨라지고 부피가 팽창하여 밀도가 작아진다. 상대적으로 가벼워지면서 상승하고, 반대로 위에 있던 물질은 상대적으로 밀도가 커 내려오는 현상을 말한다. 즉, 대류의 원인은 밀도차이다.
- $Q = hA(T_w - T_f)$ (단, h: 열대류 계수, A: 면적, T_w: 벽 온도, T_f: 유체의 온도)

복사
전자기파에 의해 열이 매질을 통하지 않고 고온 물체에서 저온 물체로 직접 열이 전달되는 현상이다. 그리고 온도차가 클수록 이동하는 열이 크다.
- 액체나 기체라는 매질 없이 바로 열만 이동하는 현상
- 태양열이 대표적 예이며, 태양열은 공기라는 매질 없이 지구에 도달한다. 즉, 우주 공간은 공기가 존재하지 않지만 지구의 표면까지 도달한다.

❖ 보온병의 원리
- 열을 차단하여 보온병의 물질 온도를 유지시킨다. 즉, 단열이다(열 차단).
- 열을 차단하여 단열한다는 것은 전도, 대류, 복사를 모두 막는 것이다.
① 보온병 속 유리로 된 이중벽이 진공 상태를 유지하므로 대류로 인한 열 출입이 없다.
② 유리병의 고정 지지대는 단열 물질로 만들어져 있다.
③ 보온병 내부는 은도금을 하여 복사에 의한 열을 최대한 줄인다.
④ 보온병의 겉부분은 금속이나 플라스틱 재질로 열전도율을 최소화시킨다.
⑤ 보온병의 마개는 단열 재료로 플라스틱 재질을 사용한다.

12 무차원 수

레이놀즈 수	관성력 / 점성력	누셀 수	대류계수 / 전도계수
프루드 수	관성력 / 중력	비오트 수	대류열전달 / 열전도
마하 수	속도 / 음속, 관성력 / 탄성력	슈미트 수	운동량계수 / 물질전달계수
코시 수	관성력 / 탄성력	스토크 수	중력 / 점성력
오일러 수	압축력 / 관성력	푸리에 수	열전도 / 열저장
압력계 수	정압 / 동압	루이스 수	열확산계수 / 질량확산계수
스트라홀 수	진동 / 평균속도	스테판 수	현열 / 잠열
웨버 수	관성력 / 표면장력	그라쇼프스	부력 / 점성력
프란틀 수	소산 / 전도 운동량전달계수 / 열전달계수	본드 수	중력 / 표면장력

- 레이놀즈 수
  층류와 난류를 구분해 주는 척도(파이프, 잠수함, 관 유동 등의 역학적 상사에 적용)

- 프루드 수
  자유 표면을 갖는 유동의 역학적 상사 시험에서 중요한 무차원 수
  (수력 도약, 개수로, 배, 댐, 강에서의 모형 실험 등의 역학적 상사에 적용)

- 마하 수
  풍동 실험의 압축성 유동에서 중요한 무차원 수

- 웨버 수
  물방울의 형성, 기체−액체 또는 비중이 서로 다른 액체−액체의 경계면, 표면 장력, 위어, 오
  리피스에서 중요한 무차원 수

- 레이놀즈 수와 마하 수
  펌프나 송풍기 등 유체 기계의 역학적 상사에 적용하는 무차원 수

- 그라쇼프 수
  온도 차에 의한 부력이 속도 및 온도 분포에 미치는 영향을 나타내거나 자연 대류에 의한 전열
  현상에 있어서 매우 중요한 무차원 수

- 레일리 수
  자연 대류에서 강도를 판별해 주거나 유체층 속에서 열대류가 일어나는지의 여부를 결정해 주
  는 매우 중요한 무차원 수

하중의 종류, 피로 한도, KS 규격별 기호

❖ 하중의 종류

① 사하중(정하중): 크기와 방향이 일정한 하중
② 동하중(활하중)
- 연행 하중: 일련의 하중(등분포 하중), 기차 레일이 받는 하중
- 반복 하중(편진 하중): 반복적으로 작용하는 하중
- 교번 하중(양진 하중): 하중의 크기와 방향이 계속 바뀌는 하중(가장 위험한 하중)
- 이동 하중: 작용점이 계속 바뀌는 하중(움직이는 자동차)
- 충격 하중: 비교적 짧은 시간에 갑자기 작용하는 하중
- 변동 하중: 주기와 진폭이 바뀌는 하중

❖ 피로 한도에 영향을 주는 요인

① 노치 효과: 재료에 노치를 만들면 피로나 충격과 같은 외력이 작용할 때 집중응력이 발생하여 파괴되기 쉬운 성질을 갖게 된다.
② 치수 효과: 취성 부재의 휨 강도, 인장 강도, 압축 강도, 전단 강도 등이 부재 치수가 증가함에 따라 저하되는 현상이다.
③ 표면 효과: 부재의 표면이 거칠면 피로 한도가 저하되는 현상이다.
④ 압입 효과: 노치의 작용과 내부 응력이 원인이며, 강압 끼워맞춤 등에 의해 피로 한도가 저하되는 현상이다.

❖ KS 규격별 기호

KS A	KS B	KS C	KS D
일반	기계	전기	금속
KS F	KS H	KS W	
토건	식료품	항공	

14 충돌

❖ 반발 계수에 대한 기본 정의

• 반발 계수: 변형의 회복 정도를 나타내는 척도이며, 0과 1 사이의 값이다.

• 반발 계수$(e) = \dfrac{\text{충돌 후 상대 속도}}{\text{충돌 전 상대 속도}} = -\dfrac{V_1' - V_2'}{V_1 - V_2} = \dfrac{V_2' - V_1'}{V_1 - V_2}$

$$\left(\begin{array}{l} V_1: \text{충돌 전 물체 1의 속도, } V_2: \text{충돌 전 물체 2의 속도} \\ V_1': \text{충돌 후 물체 1의 속도, } V_2': \text{충돌 후 물체 2의 속도} \end{array} \right)$$

❖ 충돌의 종류

• 완전 탄성 충돌$(e=1)$
  충돌 전후 전체 에너지가 보존된다. 즉, 충돌 전후의 운동량과 운동에너지가 보존된다.
  (충돌 전후 질점의 속도가 같다.)

• 완전 비탄성 충돌(완전 소성 충돌, $e=0$)
  충돌 후 반발되는 것이 전혀 없이 한 덩어리가 되어 충돌 후 두 질점의 속도는 같다. 즉, 충돌 후 상대 속도가 0이므로 반발 계수가 0이 된다. 또한, 전체 운동량은 보존되지만, 운동에너지는 보존되지 않는다.

• 불완전 탄성 충돌(비탄성 충돌, $0 < e < 1$)
  운동량은 보존되지만, 운동에너지는 보존되지 않는다.

열역학 법칙

❖ **열역학 제0법칙 [열평형 법칙]**

물체 A가 B와 서로 열평형 상태에 있다. 그리고 B와 C의 물체도 각각 서로 열평형 상태에 있다. 따라서 결국 A, B, C 모두 열평형 상태에 있다고 볼 수 있다.

❖ **열역학 제1법칙 [에너지 보존 법칙]**

고립된 계의 에너지는 일정하다는 것이다. 에너지는 다른 것으로 전환될 수 있지만 생성되거나 파괴될 수는 없다. 열역학적 의미로는 내부 에너지의 변화가 공급된 열에 일을 빼준 값과 동일하다는 말과 같다. 열역학 제1법칙은 제1종 영구 기관이 불가능함을 보여준다.

❖ **열역학 제2법칙 [에너지 변환의 방향성 제시]**

어떤 닫힌계의 엔트로피가 열적 평형 상태에 있지 않다면 엔트로피는 계속 증가해야 한다는 법칙이다. 닫힌계는 점차 열적 평형 상태에 도달하도록 변화한다. 즉, 엔트로피를 최대화하기 위해 계속 변화한다. 열역학 제2법칙은 제2종 영구 기관이 불가능함을 보여준다.

❖ **열역학 제3법칙**

어떤 방법으로도 어떤 계를 절대 온도 0K로 만들 수 없다. 즉, 카르노 사이클 효율에서 저열원의 온도가 0K라면 카르노 사이클 기관의 열효율은 100%가 된다. 하지만 절대 온도 0K는 존재할 수 없으므로 열효율 100%는 불가능하다. 즉, 절대 온도가 0K에 가까워지면, 계의 엔트로피도 0에 가까워진다.

❖ **열역학 제4법칙**

온사게르의 상반 법칙이라고 한다. 즉, 작용이 있으면 반작용이 있다는 것으로, 빛과 그림자에 대한 이야기를 말한다.

이 문제집을 풀면서 **열역학 법칙**에 관해 나온 모든 표현들을

꼭 이해하고 **암기**하길 바랍니다.

---

16 기타

❖ SI 기본 단위

차원	길이	무게	시간	전류	온도	물질량	광도
단위	meter	kilogram	second	Ampere	Kelvin	mol	candella
표시	m	kg	s	A	K	mol	cd

❖ 단위의 지수

지수	10^{-24}	10^{-21}	10^{-18}	10^{-15}	10^{-12}	10^{-9}	10^{-6}	10^{-3}	10^{-2}	10^{-1}	10^0
접두사	yocto	zepto	atto	fento	pico	nano	micro	mili	centi	deci	
기호	y	z	a	f	p	n	μ	m	c	d	
지수	10^1	10^2	10^3	10^6	10^9	10^{12}	10^{15}	10^{18}	10^{21}	10^{24}	
접두사	deca	hecto	kilo	mega	giga	tera	peta	exa	zetta	yotta	
기호	da	h	k	M	G	T	P	E	Z	Y	

❖ 온도계의 예

현상	상태 변화	온도계 종류
복사 현상	열복사량	파이로미터(복사 온도계)
물질 상태 변화	물리적 및 화학적 상태	액정 온도계
형상 변화	길이 팽창, 체적 팽창	바이메탈, 이상기체, 유리막대 온도계
전기적 성질 변화	전기 저항 및 기전력	열전대, 서미스터, 저항 온도계

❖ 시스템의 종류

	경계를 통과하는 질량	경계를 통과하는 에너지 / 열과 일
밀폐계(폐쇄계)	×	○
고립계(절연계)	×	×
개방계	○	○

02 Q&A 질의응답

피복제가 정확히 무엇인가요?

용접봉은 심선과 피복제(Flux)로 구성되어 있습니다. 그리고 피복제의 종류는 가스 발생식, 반가스 발생식, 슬래그 생성식이 있습니다.

우선, 용접입열이 가해지면 피복제가 녹으면서 가스 연기가 발생하게 됩니다. 그리고 그 연기가 용접하고 있는 부분을 덮어 대기 중으로부터의 산소와 질소로부터 차단해 주는 역할을 합니다. 따라서 산화물 또는 질화물이 발생하는 것을 방지해 줍니다. 또한, 대기 중으로부터 차단하여 용접 부분을 보호하고, 연기가 용접입열이 빠져나가는 것을 막아 주어 용착 금속의 냉각 속도를 지연시켜 급냉을 방지해 줍니다.

그리고 피복제가 녹아서 생긴 액체 상태의 물질을 용제라고 합니다. 이 용제도 용접부를 덮어 대기 중으로부터 보호하기 때문에 불순물이 용접부에 함유되는 것을 막아 용접 결함이 발생하는 것을 막아 주게 됩니다.

불활성 가스 아크 용접은 아르곤과 헬륨을 용접하는 부분 주위에 공급하여 대기로부터 보호합니다. 즉, 아르곤과 헬륨이 피복제의 역할을 하기 때문에 용제가 필요 없는 것입니다.

※ 용가제: 용접봉과 같은 의미로 보면 됩니다.
※ 피복제의 역할: 탈산 정련 작용, 전기 절연 작용, 합금 원소 첨가, 슬래그 제거, 아크 안정, 용착 효율을 높인다, 산화·질화 방지, 용착 금속의 냉각 속도 지연 등

Q 주철의 특징들을 어떻게 이해하면 될까요?

A

- 주철의 탄소 함유량 2.11~6.68%부터 시작하겠습니다.

- 탄소 함유량이 2.11~6.68% 이상이므로 용융점이 낮습니다. 우선 순철일수록 원자의 배열이 질서정연하기 때문에 녹이기 어렵습니다. 따라서 상대적으로 탄소 함유량이 많은 주철은 용융점이 낮아 녹이기 쉬워 유동성이 좋고, 이에 따라 주형 틀에 넣고 복잡한 형상으로 주조 가능합니다. 그렇기 때문에 주철이 주물 재료로 많이 사용되는 것입니다. 또한, 주철은 담금질, 뜨임, 단조가 불가능합니다. (✏️암기: ㄷ ㄷ ㄷ ×)

- 탄소 함유량이 많으므로 강, 경도가 큰 대신 취성이 발생합니다. 즉, 인성이 작고 충격값이 작습니다. 따라서 단조 가공 시 헤머로 타격하게 되면 취성에 의해 깨질 위험이 있습니다. 또한, 취성이 있어 가공이 어렵습니다. 가공은 외력을 가해 특정한 모양을 만드는 공정이므로 주철은 외력에 의해 깨지기 쉽기 때문입니다.

- 주철 내의 흑연이 절삭유의 역할을 하므로 주철은 절삭유를 사용하지 않으며, 절삭성이 우수합니다.

- 압축 강도가 우수하여 공작기계의 베드, 브레이크 드럼 등에 사용됩니다.

- 마찰 저항이 우수하며, 마찰차의 재료로 사용됩니다.

- 위에 언급했지만, 탄소 함유량이 많으면 취성이 발생하므로 헤머로 두들겨서 가공하는 단조는 외력을 가하는 것이기 때문에 깨질 위험이 있어 단조가 불가능합니다. 그렇다면 단조를 가능하게 하려면 어떻게 해야 할까요? 취성을 줄이면 됩니다. 즉 인성을 증가시키거나 재질을 연화시키는 풀림 처리를 하면 됩니다. 따라서 가단 주철을 만들면 됩니다. 가단 주철이란 보통 주철의 여리고 약한 인성을 개선하기 위해 백주철을 장시간 풀림처리하여 시멘타이트를 소실시켜 연성과 인성을 확보한 주철을 말합니다.

※ 단조를 가능하게 하려면 "가단[단조를 가능하게] 주철을 만들어서 사용하면 됩니다."

마찰차의 원동차 재질이 종동차 재질보다 연한 재질인 이유가 무엇인가요?

마찰차는 직접 전동 장치, 직접적으로 동력을 전달하는 장치입니다.
즉, 원동차는 모터(전동기)로부터 동력을 받아 그 동력을 종동차에 전달합니다.

마찰차의 원동차를 연한 재질로 설계를 해야 모터로부터 과부하의 동력을 받았을 때 연한 재질로써 과부하에 의한 충격을 흡수할 수 있습니다. 만약 경한 재질이라면, 흡수보다는 마찰차가 파손되는 손상을 입거나 베어링에 큰 무리를 주게 됩니다.

결국, 원동차를 연한 재질로 만들어 마찰계수를 높이고 위와 같은 과부하에 의한 충격 등을 흡수하게 됩니다.

또한, 연한 재질뿐만 아니라 마찰차는 이가 없는 원통 형상의 원판을 회전시켜 동력을 전달하는 것이기 때문에 미끄럼이 발생합니다. 이 미끄럼에 의해 과부하에 의한 다른 부분의 손상을 방지할 수도 있다는 점을 챙기면 되겠습니다.

마찰차에서 축과 베어링 사이의 마찰이 커서 동력 손실과 베어링 마멸이 큰 이유는 무엇인가요?

원동차에 연결된 모터가 원동차에 공급하는 에너지를 100이라고 가정하겠습니다. 마찰차는 이가 없이 마찰로 인해 동력을 전달하는 직접 전동 장치이므로 미끄럼이 발생하게 됩니다. 따라서 동력을 전달하는 과정 중에 미끄럼으로 인한 에너지 손실이 발생할텐데, 그 손실된 에너지를 50이라고 가정하겠습니다. 이 손실된 에너지 50이 축과 베어링 사이에 전달되어 축과 베어링 사이의 마찰이 커지게 되고 이에 따라 베어링에 무리를 주게 됩니다.

※ 이가 없는 모든 전동 장치들은 통상적으로 대부분 미끄럼이 발생합니다.
※ 이가 있는 전동 장치(기어 등)는 이와 이가 맞물리기 때문에 미끄럼 없이 일정한 속비를 얻을 수 있습니다.

로딩(눈메움) 현상에 대해 궁금합니다.

로딩이란 기공이나 입자 사이에 연삭 가공에 의해 발생된 칩이 끼는 현상입니다. 따라서 연삭 숫돌의 표면이 무뎌지므로 연삭 능률이 저하되게 됩니다. 이를 개선하려면 드레서 공구로 드레싱을 하여 숫돌의 자생 과정을 시켜 새로운 예리한 숫돌 입자가 표면에 나올 수 있도록 유도하면 됩니다. 그렇다면, 로딩 현상의 원인을 알아보도록 하겠습니다.

김치찌개를 드시고 있다고 가정하겠습니다. 너무 맛있게 먹었기 때문에 이빨 틈새에 고춧가루가 끼겠습니다. '이빨 사이의 틈새＝입자들의 틈새'라고 보시면 됩니다.

이빨 틈새가 크다면 고춧가루가 끼지 않고 쉽게 통과하여 지나갈 것입니다. 하지만 이빨 사이의 틈새가 좁은 사람이라면, 고춧가루가 한 번 끼면 잘 빠지지도 않아 이쑤시개로 빼야 할 것입니다. 이것이 로딩입니다. 따라서 로딩은 조직이 미세하거나 치밀할 때 발생하게 됩니다. 또한, 원주 속도가 느릴 경우에는 입자 사이에 긴 칩이 잘 빠지지 않습니다. 원주 속도가 빨라야 입자 사이에 긴 칩이 원심력에 의해 밖으로 빠져나가 분리가 잘 되겠죠?

그리고 조직이 미세 또는 치밀하다는 것은 경도가 높다는 것과 동일합니다. 즉, 연삭 숫돌의 경도가 높을 때입니다. 실제 시험에서 공작물(일감)의 경도가 높을 때라고 보기에 나온 적이 있습니다. 틀린 보기입니다. 숫돌의 경도＞공작물의 경도일 때 로딩이 발생하게 되니 꼭 알아두세요.

또한, 연삭 깊이가 너무 크다. 생각해 보겠습니다. 연삭 숫돌로 연삭하는 깊이가 크다면 일감 깊숙이 파고 들어가 연삭하므로 숫돌 입자와 일감이 접촉되는 부분이 커집니다. 따라서 접촉 면적이 커진만큼 숫돌 입자가 칩에 노출되는 환경이 훨씬 커집니다. 다시 말해 입자 사이에 칩이 낄 확률이 더 커진다는 의미와 같습니다.

글레이징(눈 무딤) 현상에 대해 궁금합니다.

글레이징이란 입자가 탈락하지 않고 마멸에 의해 납작해지는 현상을 말합니다. 입자가 탈락해야 자생 과정을 통해 예리한 새로운 입자가 표면으로 나올텐데, 글레이징이 발생하면 입자가 탈락하지 않아 자생 과정이 발생하지 않으므로 숫돌 입자가 무뎌져 연삭 가공을 진행하는 데 있어 효율이 저하됩니다.

그렇다면 글레이징의 원인은 어떻게 될까요? 총 3가지가 있습니다.

① 원주 속도가 빠를 때
② 결합도가 클 때
③ 숫돌과 일감의 재질이 다를 때(불균일할 때)

원주 속도가 빠르면 숫돌의 결합도가 상승하게 됩니다.
원주 속도가 빠르면 숫돌의 회전 속도가 빠르다는 것, 결국 빠르면 빠를수록 숫돌을 구성하고 있는 입자들은 원심력에 의해 밖으로 튕겨져 나가려고 할 것입니다. 이러한 과정이 발생하면서 입자와 입자들이 서로 밀착하게 되고, 이에 따라 조직이 치밀해지게 됩니다.
따라서 원주 속도가 빠르다 → 입자들이 치밀 → 결합도 증가

결합도는 자생 과정과 가장 관련이 있습니다. 자생 과정이란 입자가 무뎌지면 자연스럽게 입자가 탈락하고 벗겨지면서 새로운 입자가 표면에 등장하는 것입니다. 결합도가 크다면 연삭 숫돌이 단단하여 자생 과정이 잘 발생하지 않습니다. 즉, 입자가 탈락하지 않고 계속적으로 마멸에 의해 납작해져서 글레이징 현상이 발생하게 되는 것입니다.

Q 열간 가공에 대한 특징이 궁금합니다.

A 열간 가공은 재결정 온도 이상에서 가공하는 것이기 때문에 재결정을 시키고 가공하는 것을 말합니다. 재결정을 시켰다는 것은 새로운 결정핵이 생성되었다는 것을 말합니다. 새로운 결정핵은 크기도 작고 매우 무른 상태이기 때문에 강도가 약합니다. 따라서 연성이 우수한 상태이므로 가공도가 커지게 되며 가공 시간이 빨라지므로 열간 가공은 대량 생산에 적합합니다.

또한, 새로운 결정핵(작은 미세한 결정)이 발생했다는 것 자체를 조직의 미세화 효과가 있다고 말합니다. 따라서 냉간 가공은 조직 미세화라는 표현이 맞고, 열간 가공은 조직 미세화 효과라는 표현이 맞습니다. 그리고 재결정 온도 이상으로 장시간 유지하면 새로운 신결정이 성장하므로 결정립이 커지게 됩니다. 이것을 조대화라고 보며, 성장하면서 배열을 맞추므로 재질의 균일화라고 표현합니다.

Q 열간 가공이 냉간 가공보다 마찰계수가 큰 이유가 무엇인가요?

A 책에 동전을 올려두고 서서히 경사를 증가시킨다고 가정합니다. 어느 순간 동전이 미끄러질텐데, 이때의 각도가 바로 마찰각입니다. 열간 가공은 높은 온도에서 가공하므로 일감 표면이 산화가 발생하여 표면이 거칩니다. 따라서 동전이 미끄러지는 순간의 경사각이 더 클 것입니다. 즉, 마찰각이 크기 때문에 아래 식에 의거하여 마찰계수도 커지게 됩니다.

$\mu = \tan \rho$ (단, μ: 마찰계수, ρ: 마찰각)

영구 주형의 가스 배출이 불량한 이유는 무엇인가요?

금속형 주형을 사용하기 때문에 표면이 차갑습니다. 따라서 급냉이 되므로 용탕에서 발생된 가스가 주형에서 배출되기 전에 급냉으로 인해 응축되어 가스 응축액이 생깁니다. 따라서 가스 배출이 불량하며, 이 가스 응축액이 용탕 내부로 흡입되어 결함을 발생시킬 수 있으며, 내부가 거칠게 되는 것입니다.

압축 잔류 응력이 피로 한도와 피로 수명을 증가시키는 이유가 무엇인가요?

잔류 응력이란 외력을 가한 후 제거해도 재료 표면에 남아 있게 되는 응력을 말합니다. 잔류 응력의 종류에는 인장 잔류 응력과 압축 잔류 응력 2가지가 있습니다.

인장 잔류 응력은 재료 표면에 남아 표면의 조직을 서로 바깥으로 당기기 때문에 표면에 크랙을 유발할 수 있습니다.

반면에 압축 잔류 응력은 표면의 조직을 서로 밀착시키기 때문에 조직을 강하게 만듭니다. 따라서 압축 잔류 응력이 피로 한도와 피로 수명을 증가시킵니다.

Q 숏피닝에서 압축 잔류 응력이 발생하는 이유는 무엇인가요?

A 숏피닝은 작은 강구를 고속으로 금속 표면에 분사합니다. 이때 표면에 충돌하게 되면 충돌 부위에 변형이 생기고, 그 강도가 일정 에너지를 넘게 되면 변형이 회복되지 않는 소성 변형이 일어나게 됩니다. 이 변형층과 충돌 영향을 받지 않는 금속 내부와 힘의 균형을 맞추기 위해 표면에는 압축 잔류 응력이 생성되게 됩니다.

Q 냉각쇠의 역할, 냉각쇠를 주물 두께가 두꺼운 곳에 설치하는 이유, 주형 하부에 설치하는 이유는 각각 무엇인가요?

A 냉각쇠는 주물 두께에 따른 응고 속도 차이를 줄이기 위해 사용합니다. 어떤 주물을 주형에 넣어 냉각시키는 데 있어 주물 두께가 다른 부분이 있다면, 두께가 얇은 쪽이 먼저 응고되면서 수축하게 됩니다. 따라서 그 부분은 쇳물의 부족으로 인해 수축공이 발생하게 됩니다. 따라서 주물 두께가 두꺼운 부분에 냉각쇠를 설치하여 두꺼운 부분의 응고 속도를 증가시킵니다. 결국, 주물 두께 차이에 따른 응고 속도를 줄일 수 있으므로 수축공을 방지할 수 있습니다.

또한, 냉각쇠는 종류로는 핀, 막대, 와이어가 있으며, 주형보다 열흡수성이 좋은 재료를 사용합니다. 그리고 고온부와 저온부가 동시에 응고되도록 또는 두꺼운 부분과 얇은 부분이 동시에 응고되도록 하는 목적으로 설치하는 것임을 다시 설명드리겠습니다.

그리고 마지막으로 가장 중요한 것으로 냉각쇠(chiller)는 가스 배출을 고려하여 주형의 상부보다는 하부에 부착해야 합니다. 만약, 상부에 부착한다면 가스는 주형 위로 배출되려고 하다가 상부에 부착된 냉각쇠에 의해 빠르게 냉각되면서 응축하여 가스액이 되고, 그 가스액이 주물 내부로 떨어져 결함을 발생시킬 수 있습니다.

리벳 이음은 경합금과 같이 용접이 곤란한 접합에 유리하다고 알고 있습니다. 그렇다면 경합금이 용접이 곤란한 이유가 무엇인가요?

경합금은 일반적으로 철과 비교했을 때 열팽창 계수가 매우 큽니다. 그렇기 때문에 용접을 하게 된다면, 뜨거운 용접 입열에 의해 열팽창이 매우 크게 발생할 것입니다. 즉, 경합금을 용접하면 열팽창 계수가 매우 크기 때문에 열적 변형이 발생할 가능성이 큽니다. 따라서 경합금과 같은 재료는 용접보다는 리벳 이음을 활용해야 신뢰도가 높습니다.

그리고 한 가지 더 말씀드리면 알루미늄을 예로 생각해보겠습니다. 용접할 때 가열하면 금방 순식간에 녹아버릴 수 있습니다. 따라서 용접 온도를 적정하게 잘 맞춰야 하는데, 이것 또한 매우 어려운 일이므로 경합금과 같은 재료는 용접이 곤란합니다.

물론, 경합금이 용접이 곤란한 것이지 불가능한 것은 아닙니다. 노하우를 가진 숙련공들이 같은 용접 속도로 서로 반대 대칭되어 신속하게 용접하면 팽창에 의한 변형이 서로 반대에서 상쇄되므로 용접을 할 수 있습니다.

Q 터빈의 단열 효율이 증가하면 건도가 감소하는 이유가 무엇인가요?

A

우선, 터빈의 단열 효율이 증가한다는 것은 터빈의 팽창일이 증가하는 것을 의미합니다.

T−S선도에서 터빈 구간의 일이 증가한다는 것은 2~3번 구간의 길이가 늘어난다는 것을 의미합니다. 길이가 늘어남에 따라 T−S선도 상의 면적은 증가하게 될 것입니다.

T−S선도에서 면적은 열량을 의미합니다. 보일러에 공급하는 열량은 일정하기 때문에 면적도 그 전과 동일해야 합니다.

2~3번 구간의 길이가 늘어나 면적이 늘어난 만큼, 열량이 동일해야 하므로 2~3번 구간은 좌측으로 이동하게 될 것입니다. 이에 따라 3번 터빈 출구점은 습증기 구간에 들어가 건도가 감소하게 되며, 습분이 발생하여 터빈 깃이 손상됩니다.

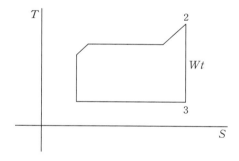

공기의 비열비가 온도가 증가할수록 감소하는 이유는 무엇인가요?

우선, 비열비＝정압 비열/정적 비열입니다.

※ **정적 비열**: 정적하에서 완전 가스 1kg을 1℃ 올리는 데 필요한 열량

온도가 증가할수록 기체의 분자 운동이 활발해져 기체의 부피가 늘어나게 됩니다.

부피가 작은 상태보다 부피가 큰 상태일 때, 열을 가해 온도를 올리기가 더 어려울 것입니다. 따라서 동일한 부피하에서 1℃ 올리는 데 더 많은 열량이 필요하게 됩니다. 즉, 온도가 증가할수록 부피가 늘어나고 늘어난 만큼 온도를 올리기 어렵기 때문에 더 많은 열량이 필요하다는 것입니다. 이 말은 정적 비열이 증가한다는 의미입니다.

따라서 비열비는 정압 비열/정적 비열이므로 온도가 증가할수록 감소합니다.

정압 비열에 상관없이 상대적으로 정적 비열의 증가분에 의한 영향이 더 크다고 보시면 되겠습니다.

Q

냉매의 구비 조건을 이해하고 싶습니다.

A

❖ 냉매의 구비 조건

① 증발 압력이 대기압보다 크고, 상온에서도 비교적 저압에서 액화될 것

② 임계 온도가 높고, 응고온도가 낮을 것, 비체적이 작을 것

★③ 증발 잠열이 크고, 액체의 비열이 작을 것(자주 문의되는 조건)

④ 불활성으로 안전하며, 고온에서 분해되지 않고, 금속이나 패킹 등 냉동기의 구성 부품을 부식, 변질, 열화시키지 않을 것

⑤ 점성이 작고, 열전도율이 좋으며, 동작 계수가 클 것

⑥ 폭발성, 인화성이 없고, 악취나 자극성이 없어 인체에 유해하지 않을 것

⑦ 표면 장력이 작고, 값이 싸며, 구하기 쉬울 것

③ 증발 잠열이 크고, 액체의 비열이 작을 것

우선 냉매란 냉동 시스템 배관을 돌아다니면서 증발, 응축의 상변화를 통해 열을 흡수하거나 피냉각체로부터 열을 빼앗아 냉동시키는 역할을 합니다. 구체적으로 증발기에서 실질적 냉동의 목적이 이루어집니다.

냉매는 피냉각체로부터 열을 빼앗아 냉매 자신은 증발이 되면서 피냉각체의 온도를 떨어뜨립니다. 즉, 증발 잠열이 커야 피냉각체(공기 등)으로부터 열을 많이 흡수하여 냉동의 효과가 더욱 증대되게 됩니다. 그리고 액체 비열이 작아야 응축기에서 빨리 열을 방출하여 냉매 가스가 냉매액으로 응축됩니다. 각 구간의 목적을 잘 파악하면 됩니다.

※ 비열: 어떤 물질 1kg을 1℃ 올리는 데 필요한 열량

※ 증발 잠열: 온도의 변화 없이 상변화(증발)하는 데 필요한 열량

펌프 효율과 터빈 효율을 구할 때, 이론과 실제가 반대인 이유가 무엇인가요?

펌프 효율 $\eta_p = \dfrac{\text{이론적인 펌프일}(W_p)}{\text{실질적인 펌프일}(W_{p'})}$

터빈 효율 $\eta_t = \dfrac{\text{실질적인 터빈일}(W_{t'})}{\text{이론적인 터빈일}(W_t)}$

우선, 효율은 100% 이하이기 때문에 분모가 더 큽니다.

① 펌프는 외부로부터 전력을 받아 운전됩니다.

이론적으로 펌프에 필요한 일이 100이라고 가정하겠습니다. 이론적으로는 100이 필요하지만, 실제 현장에서는 슬러지 등의 찌꺼기 등으로 인해 배관이 막히거나 또는 임펠러가 제대로 된 회전을 할 수 없을 때도 있습니다. 따라서 유체를 송출하기 위해서는 더 많은 전력이 소요될 것입니다. 즉, 이론적으로는 100이 필요하지만 실제 상황에서는 여러 악조건이 있기 때문에 100보다 더 많은 일이 소요되게 됩니다. 결국, 펌프의 효율은 위와 같이 실질적인 펌프일이 분모로 가게 되어 효율이 100% 이하로 도출되게 됩니다.

② 터빈은 과열 증기가 터빈 블레이드를 때려 팽창일을 생산합니다.

이론적으로는 100이라는 팽창일이 얻어지겠지만, 실제 상황에서는 배관의 손상으로 인해 증기가 누설될 수 있어 터빈 출력에 영향을 줄 수 있습니다. 이러한 이유 등으로 인해 실제 터빈일은 100보다 작습니다. 결국, 터빈의 효율은 위와 같이 이론적 터빈일이 분모로 가게 되어 효율이 100% 이하로 도출되게 됩니다.

Q

체인 전동은 초기 장력을 줄 필요가 없다고 하는데, 그 이유가 무엇인가요?

A

우선 벨트 전동과 관련된 초기 장력에 대해 알아보도록 하겠습니다.

벨트 전동에서 동력 전달에 필요한 충분한 마찰을 얻기 위해 정지하고 있을 때 미리 벨트에 장력을 주고 이 상태에서 풀리를 끼웁니다. 이때 준 장력이 초기 장력입니다.

벨트 전동을 하기 전에 미리 장력을 줘야 탱탱한 벨트가 되고, 이에 따라 벨트와 림 사이에 충분한 마찰력을 얻어 그 마찰로 동력을 전달할 수 있습니다.

참고 초기 장력 $= \dfrac{T_t(\text{긴장측 장력}) + T_s(\text{이완측 장력})}{2}$

※ **유효 장력**: 동력 전달에 꼭 필요한 회전력
참고 유효 장력 $= T_t(\text{긴장측 장력}) - T_s(\text{이완측 장력})$

하지만 체인 전동은 초기 장력을 줄 필요가 없어 정지 시에 장력이 작용하지 않고 베어링에도 하중이 작용하지 않습니다. 그 이유는 벨트는 벨트와 림 사이에 발생하는 마찰력으로 동력을 전달하기 때문에 정지 시에 미리 벨트가 탱탱하도록 만들어 마찰을 발생시키기 위해 초기 장력을 가하지만 체인 전동은 스프로킷 휠과 링크가 서로 맞물려서 동력을 전달하기 때문에 초기 장력을 줄 필요가 없습니다. 따라서 동력 전달 방법의 방식이 다르기 때문입니다. 또한, 체인 전동은 스프로킷 휠과 링크가 서로 맞물려 동력을 전달하므로 미끄럼이 없고, 일정한 속비도 얻을 수 있습니다.

실루민이 시효 경화성이 없는 이유가 무엇인가요?

❖ 실루민
• Al−Si계 합금
• 공정 반응이 나타나고, 절삭성이 불량하며, 시효 경화성이 없다.

❖ 실루민이 시효 경화성이 없는 이유
일반적으로 구리(Cu)는 금속 내부의 원자 확산이 잘 되는 금속입니다. 즉, 장시간 방치해도 구리가 석출되어 경화가 됩니다. 따라서 구리가 없는 Al−Si계 합금인 실루민은 시효 경화성이 없습니다.

Tip 구리가 포함된 합금은 대부분 시효 경화성이 있다고 보면 됩니다.

※ 시효 경화성이 있는 것: 황동, 강, 두랄루민, 라우탈, 알드레이, Y합금 등

Q

직류 아크 용접에서 자기 불림 현상이 발생하는 이유가 무엇인가요?

A

자기 불림(Arc blow)은 아크 쏠림 현상을 말합니다. 보통 직류 아크 용접에서 발생하는 현상입니다.

그 이유는 전류가 흐르는 도체 주변에는 용접 전류 때문에 아크 주위에 자계가 발생합니다. 이 자계가 용접봉에 비대칭 되어 아크가 특정한 한 방향으로 쏠리는 불안정한 현상이 자기 불림 현상입니다.

결국 자계가 용접 일감의 모양이나 아크의 위치에 관련하여 비대칭이 되어 아크가 특정한 한 방향으로 쏠려 불안정하게 됩니다.

간단하게 요약하자면, 자기 불림은 직류 아크 용접에서 많이 발생되며, 교류는 +, − 위 아래로 파장이 있어 아크가 한 방향으로 쏠리지 않습니다.

따라서 자기 불림 현상을 방지하려면 대표적으로 교류를 사용하면 됩니다.

지금까지 오픈 채팅방과 블로그를 통해 가장 많이 받았던 질문들로 구성하였습니다.

암기가 아닌 **이해**와 **원리**를 통해 공부하면 더욱더 재미있고

직무면접에서도 큰 도움이 될 것입니다!

03 3역학 공식 모음집

1 재료역학 공식

① 전단 응력, 수직 응력

$\tau=\dfrac{P_s}{A}$, $\sigma=\dfrac{P}{A}$ (P_s: 전단 하중, P: 수직 하중)

② 전단 변형률

$\gamma=\dfrac{\lambda_s}{l}$ (λ_s: 전단 변형량)

③ 수직 변형률

$\varepsilon=\dfrac{\Delta l}{l}$, $\varepsilon'=\dfrac{\Delta D}{D}$ (Δl: 세로 변형량, ΔD: 가로 변형량)

④ 푸아송의 비

$\mu=\dfrac{\varepsilon'}{\varepsilon}=\dfrac{\Delta l \cdot D}{l \cdot \Delta D}=\dfrac{1}{m}$ (m: 푸아송 수)

⑤ 후크의 법칙

$\sigma=E\times\varepsilon$, $\tau=G\times\gamma$ (E: 종탄성 계수, G: 횡탄성 계수)

⑥ 길이 변형량

$\lambda_s=\dfrac{P_s l}{AG}$, $\Delta l=\dfrac{Pl}{AE}$ (λ_s: 전단 하중에 의한 변형량, Δl: 수직 하중에 의한 변형량)

⑦ 단면적 변형률

$\varepsilon_A=2\mu\varepsilon$

⑧ 체적 변형률

$$\varepsilon_v = \varepsilon(1-2\mu)$$

⑨ 탄성 계수의 관계

$$mE = 2G(m+1) = 3K(m-2)$$

⑩ 두 힘의 합성

$$F = \sqrt{F_1^2 + F_2^2 + 2F_1 F_2 \cos\theta}$$

⑪ 세 힘의 합성(라미의 정리)

$$\frac{F_1}{\sin\theta_1} = \frac{F_2}{\sin\theta_2} = \frac{F_3}{\sin\theta_3}$$

⑫ 응력 집중

$$\sigma_{\max} = \alpha \times \sigma_n \ (\alpha: \text{응력 집중 계수}, \sigma_n: \text{공칭 응력})$$

⑬ 응력의 관계

$$\sigma_w \leq \sigma_\sigma = \frac{\sigma_u}{S} \ (\sigma_w: \text{사용 응력}, \sigma_\sigma: \text{허용 응력}, \sigma_u: \text{극한 응력})$$

⑭ 병렬 조합 단면의 응력

$$\sigma_1 = \frac{PE_1}{A_1 E_1 + A_2 E_2}, \ \sigma_2 = \frac{PE_2}{A_1 E_1 + A_2 E_2}$$

⑮ 자중을 고려한 늘음량

$$\delta_\omega = \frac{\gamma l^2}{2E} = \frac{\omega l}{2AE} \ (\gamma: \text{비중량}, \omega: \text{자중})$$

⑯ 충격에 의한 응력과 늘음량

$$\sigma = \sigma_0 \left\{ 1 + \sqrt{1 + \frac{2h}{\lambda_0}} \right\}, \ \lambda = \lambda_0 \left\{ 1 + \sqrt{1 + \frac{2h}{\lambda_0}} \right\} \ (\sigma_0: \text{정적 응력}, \lambda_0: \text{정적 늘음량})$$

⑰ 탄성 에너지

$$u = \frac{\sigma^2}{2E}, \; U = \frac{1}{2}P\lambda = \frac{\sigma^2 Al}{2E}$$

⑱ 열응력

$$\sigma = E\varepsilon_{th} = E \times \alpha \times \varDelta T \; (\varepsilon_{th}: \text{열변형률}, \; \alpha: \text{선팽창 계수})$$

⑲ 얇은 회전체의 응력

$$\sigma_y = \frac{\gamma v^2}{g} \; (\gamma: \text{비중량}, \; v: \text{원주 속도})$$

⑳ 내압을 받는 얇은 원통의 응력

$$\sigma_y = \frac{PD}{2t}, \; \sigma_x = \frac{PD}{4t} \; (P: \text{내압력}, \; D: \text{내경}, \; t: \text{두께})$$

㉑ 단순 응력 상태의 경사면 전단 응력

$$\tau = \frac{1}{2}\sigma_x \sin 2\theta$$

㉒ 단순 응력 상태의 경사면 전단 응력

$$\sigma_n = \sigma_x \cos^2 \theta$$

㉓ 2축 응력 상태의 경사면 전단 응력

$$\tau = \frac{1}{2}(\sigma_x - \sigma_y)\sin 2\theta$$

㉔ 2축 응력 상태의 경사면 수직응력

$$\sigma_n' = \frac{1}{2}(\sigma_x + \sigma_y) + \frac{1}{2}(\sigma_x - \sigma_y)\cos 2\theta$$

㉕ 평면 응력 상태의 최대, 최소 주응력

$$\sigma_{1,\,2} = \frac{1}{2}(\sigma_x + \sigma_y) \pm \frac{1}{2}\sqrt{(\sigma_x - \sigma_y)^2 + 4\tau^2}$$

㉖ 토크와 전단 응력의 관계

$$T = \tau \times Z_p = \tau \times \frac{\pi d^3}{16}$$

㉗ 토크와 동력과의 관계

$$T = 716.2 \times \frac{H}{N} \ [\mathrm{kg \cdot m}] \ \text{단}, \ H[\mathrm{PS}]$$

$$T = 974 \times \frac{H'}{N} \ [\mathrm{kg \cdot m}] \ \text{단}, \ H'[\mathrm{kW}]$$

㉘ 비틀림각

$$\theta = \frac{TL}{GI_p} \ [\mathrm{rad}] \ (G: \text{횡탄성 계수})$$

㉙ 굽힘에 의한 응력

$$M = \sigma Z, \ \sigma = E\frac{y}{\rho}, \ \frac{1}{\rho} = \frac{M}{EI} = \frac{\sigma}{Ee} \ (\rho: \text{주름 반경}, \ e: \text{중립축에서 끝단까지 거리})$$

㉚ 굽힘 탄성 에너지

$$U = \int \frac{M_x^2 dx}{2EI}$$

㉛ 분포 하중, 전단력, 굽힘 모멘트의 관계

$$\omega = \frac{dF}{dx} = \frac{d^2 M}{dx^2}$$

㉜ 처짐 곡선의 미분 방정식

$$EIy'' = -M_x$$

㉝ 면적 모멘트법

$$\theta = \frac{A_m}{E}, \ \delta = \frac{A_m}{E}\overline{x}$$

$(\theta: \text{굽힘각}, \ \delta: \text{처짐량}, \ A_m: \text{BMD의 면적}, \ \overline{x}: \text{BMD의 도심까지의 거리})$

㉞ 스프링 지수, 스프링 상수

$C = \dfrac{D}{d}$, $K = \dfrac{P}{\delta}$ (D: 평균 지름, d: 소선의 직각 지름, P: 하중, δ: 처짐량)

㉟ 등가 스프링 상수

$\dfrac{1}{K_{eq}} = \dfrac{1}{K_1} + \dfrac{1}{K_2}$ ➡ 직렬 연결

$K_{eq} = K_1 + K_2$ ➡ 병렬 연결

㊱ 스프링의 처짐량

$\delta = \dfrac{8PD^3 n}{Gd^4}$ (G: 횡탄성 계수, n: 감김 수)

㊲ 3각 판스프링의 응력과 늘음량

$\sigma = \dfrac{6Pl}{nbh^2}$, $\delta_{\max} = \dfrac{6Pl^3}{nbh^3 E}$ (n: 판의 개수, b: 판목, E: 종탄성 계수)

㊳ 겹판 스프링의 응력과 늘음량

$\eta = \dfrac{3Pl}{2nbh^2}$, $\delta_{\max} = \dfrac{3P'l^3}{8nbh^3 E}$

㊴ 핵반경

원형 단면 $a = \dfrac{d}{8}$, 사각형 단면 $a = \dfrac{b}{6}, \dfrac{h}{6}$

㊵ 편심 하중을 받는 단주의 최대 응력

$\sigma_{\max} = \dfrac{P}{A} + \dfrac{M}{Z}$

㊶ 오일러(Euler)의 좌굴 하중 공식

$P_B = \dfrac{n\pi^2 EI}{l^2}$ (n: 단말 계수)

㊷ 세장비

$$\lambda = \frac{l}{K} \ (l: 기둥의 길이) \qquad K = \sqrt{\frac{I}{A}} \ (K: 최소 회전 반경)$$

㊸ 좌굴 응력

$$\sigma_B = \frac{P_B}{A} = \frac{n\pi^2 E}{\lambda^2}$$

❖ 평면의 성질 공식 정리

	공식	표현	도형의 종류		
			사각형	중심축	중공축
단면 1차 모멘트	$\bar{y} = \dfrac{A_1 y_1 + A_2 y_2}{A_1 + A_2}$ $\bar{x} = \dfrac{A_1 x_1 + A_2 x_2}{A_1 + A_2}$	$Q_y = \int x \, dA$ $Q_x = \int y \, dA$	$\bar{y} = \dfrac{h}{2}$ $\bar{x} = \dfrac{b}{2}$	$\bar{y} = \bar{x} = \dfrac{d}{2}$	내외경 비 $x = \dfrac{d_1}{d_2}$ $(d_1: 내경, \ d_2: 외경)$
단면 2차 모멘트	$K_x = \sqrt{\dfrac{I_x}{A}}$ $K_y = \sqrt{\dfrac{I_y}{A}}$	$I_x = \int y^2 \, dA$ $I_y = \int x^2 \, dA$	$I_x = \dfrac{bh^3}{12}$ $I_y = \dfrac{bh^3}{12}$	$I_x = I_y$ $= \dfrac{\pi d^4}{64}$	$I_x = I_y$ $= \dfrac{\pi d_2^{\,4}}{64}(1 - x^4)$
극단면 2차 모멘트	$I_p = I_x + I_y$	$I_p = \int r^2 \, dA$	$I_p = \dfrac{bh}{12}(b^2 + h^2)$	$I_p = \dfrac{\pi d^4}{32}$	$I_p = \dfrac{\pi d_2^{\,4}}{32}(1 - x^4)$
단면 계수	$Z = \dfrac{M}{\sigma_b}$	$Z = \dfrac{I_x}{e_x}$	$Z_x = \dfrac{bh^2}{6}$ $Z_y = \dfrac{bh^2}{6}$	$Z_x = Z_y$ $= \dfrac{\pi d^3}{32}$	$Z_x = Z_y$ $= \dfrac{\pi d_2^{\,3}}{32}(1 - x^4)$
극단면 계수	$Z_p = \dfrac{T}{\tau_a}$	$Z_p = \dfrac{I_p}{e_p}$	–	$Z_p = \dfrac{\pi d^4}{16}$	$Z_p = \dfrac{\pi d_2^{\,3}}{16}(1 - x^4)$

❖ 보의 정리

보의 종류	반력	최대 굽힘 모멘트 M_{max}	최대 굽힘각 θ_{max}	최대 처짐량 δ_{max}
	–	M_0	$\dfrac{M_0 l}{EI}$	$\dfrac{M_0 l^2}{2EI}$
	$R_b = P$	Pl	$\dfrac{Pl^2}{2EI}$	$\dfrac{Pl^3}{3EI}$
	$R_b = \omega l$	$\dfrac{\omega l^2}{2}$	$\dfrac{\omega l^3}{6EI}$	$\dfrac{\omega l^4}{8EI}$
	$R_a = R_b = \dfrac{M_0}{l}$	M_0	$\theta_A = \dfrac{M_0 l}{3EI}$ $\theta_B = \dfrac{M_0 l}{6EI}$	$x = \dfrac{l}{\sqrt{3}}$일 때 $\dfrac{M_0 l^2}{9\sqrt{3}EI}$
	$R_a = R_b = \dfrac{P}{2}$	$\dfrac{Pl}{4}$	$\dfrac{Pl^2}{16EI}$	$\dfrac{Pl^3}{48EI}$
	$R_a = \dfrac{Pb}{l}$ $R_b = \dfrac{Pa}{l}$	$\dfrac{Pab}{l}$	$\theta_A = \dfrac{Pab(l+b)}{6lEI}$ $\theta_B = \dfrac{Pab(l+a)}{6lEI}$	$\delta_c = \dfrac{Pa^2 b^2}{3lEI}$
	$R_a = R_b = \dfrac{\omega l}{2}$	$\dfrac{\omega l^2}{8}$	$\dfrac{\omega l^3}{24EI}$	$\dfrac{5\omega l^4}{384EI}$
	$R_a = \dfrac{\omega l}{6}$ $R_b = \dfrac{\omega l}{3}$	$\dfrac{\omega l^2}{9\sqrt{3}}$	–	–

보의 종류	반력	최대 굽힘 모멘트 $M_{\max}$	최대 굽힘각 $\theta_{\max}$	최대 처짐량 $\delta_{\max}$
P 집중하중 (단순지지–고정)	$R_a = \dfrac{5P}{16}$ $R_b = \dfrac{11P}{16}$	$M_B = M_{\max}$ $= \dfrac{3}{16}Pl$	–	–
ω 등분포하중 (단순지지–고정)	$R_a = \dfrac{3\omega l}{8}$ $R_b = \dfrac{5\omega l}{8}$	$\dfrac{9\omega l^2}{128}$, $x = \dfrac{5l}{8}$일 때	–	–
P 집중하중 (양단고정)	$R_a = \dfrac{Pb^2}{l^3}(3a+b)$	$M_A = \dfrac{Pb^2a}{l^2}$ $M_B = \dfrac{Pa^2b}{l^2}$	$a=b=\dfrac{l}{2}$일 때 $\dfrac{Pl^2}{64EI}$	$a=b=\dfrac{l}{2}$일 때 $\dfrac{Pl^3}{192EI}$
ω 등분포하중 (양단고정)	$R_a = R_b = \dfrac{\omega l}{2}$	$M_a = M_b = \dfrac{\omega l^2}{12}$ 중간 단의 모멘트 $= \dfrac{\omega l^2}{24}$	$\dfrac{\omega l^3}{125EI}$	$\dfrac{\omega l^4}{384EI}$
ω 등분포하중 (연속보 A–C–B)	$R_a = R_b = \dfrac{3\omega l}{16}$ $R_c = \dfrac{5\omega l}{8}$	$M_c = \dfrac{\omega l^2}{32}$	–	–

2 열역학 공식

① 열역학 0법칙, 열용량

$Q = Gc\Delta T$ (G: 중량 또는 질량, c: 비열, ΔT: 온도차)

② 온도 환산

$C = \dfrac{5}{9}(F - 32)$

$T(\mathrm{K}) = T(℃) + 273.15$

$T(\mathrm{R}) = T(\mathrm{F}) + 460$

③ 열량의 단위

$1\,\mathrm{kcal} = 3.968\,\mathrm{BTU} = 2.205\,\mathrm{CHU} = 4.1867\,\mathrm{kJ}$

④ 비열의 단위

$\left[\dfrac{1\,\mathrm{kcal}}{\mathrm{kg}\cdot℃}\right] = \left[\dfrac{1\,\mathrm{BTU}}{\mathrm{Ib}\cdot℉}\right] = \left[\dfrac{1\,\mathrm{CHU}}{\mathrm{Ib}\cdot℃}\right]$

⑤ 평균 비열, 평균 온도

$C_m = \dfrac{1}{T_2 - T_1}\int C dT$, $T_m = \dfrac{m_1 C_1 T_1 + m_2 C_2 T_2}{m_1 C_1 + m_2 C_2}$

⑥ 일과 열의 관계

$Q = AW$ (A: 일의 열 상당량 $= 1\,\mathrm{kcal}/427\,\mathrm{kgf}\cdot\mathrm{m}$)

$W = JQ$ (J: 열의 일 상당량 $= 1/A$)

⑦ 동력과 열량과의 관계

$1\,\mathrm{Psh} = 632.3\,\mathrm{kcal}$, $1\,\mathrm{kWh} = 860\,\mathrm{kcal}$

⑧ 열역학 1법칙의 표현

$\delta q = du + Pdv = C_p dT + \delta W = dh + vdP = C_p dT + \delta Wt$

⑨ 열효율

$$\eta = \frac{\text{정미 출력}}{\text{저위 발열량} \times \text{연료 소비율}}$$

⑩ 완전 가스 상태 방정식

$PV = mRT$ (P: 절대 압력, V: 체적, m: 질량, R: 기체 상수, T: 절대 온도)

⑪ 엔탈피

$H = U + pv = $ 내부 에너지 + 유동 에너지

⑫ 정압 비열(C_p), 정적 비열(C_v)

$$C_p = \frac{kR}{k-1}, \ C_v = \frac{R}{k-1}$$

비열비 $k = \dfrac{C_p}{C_v}$, 기체 상수 $R = C_p - C_v$

⑬ 혼합 가스의 기체 상수

$$R = \frac{m_1 R_1 + m_2 R_2 + m_3 R_3}{m_1 + m_2 + m_3}$$

⑭ 열기관의 열효율

$$\eta = \frac{\Delta Wa}{Q_H} = \frac{Q_H - Q_L}{Q_H} = 1 - \frac{T_L}{T_H}$$

⑮ 냉동기의 성능 계수

$$\varepsilon_r = \frac{Q_L}{W_C} = \frac{Q_L}{Q_H - Q_L} = \frac{T_L}{T_H - T_L}$$

⑯ 열펌프의 성능 계수

$$\varepsilon_H = \frac{Q_H}{W_a} = \frac{Q_H}{Q_H - Q_L} = \frac{T_H}{T_H - T_L} = 1 + \varepsilon_r$$

⑰ 엔트로피

$$ds = \frac{\delta Q}{T} = \frac{mcdT}{T}$$

⑱ 엔트로피 변화

$$\Delta S = C_V \ln \frac{T_2}{T_1} + R \ln \frac{V_2}{V_1} = C_P \ln \frac{T_2}{T_1} - R \ln \frac{P_2}{P_1} = C_P \ln \frac{V_2}{V_1} + C_V \ln \frac{P_2}{P_1}$$

⑲ 습증기의 상태량 공식

$$v_x = v' + x(v'' - v') \qquad\qquad h_x = h' + x(h'' - h')$$
$$s_x = s' + x(s'' - s') \qquad\qquad u_x = u' + x(u'' - u')$$

건도 $x = \dfrac{\text{습증기의 중량}}{\text{전체 중량}}$

(v', h', s', u': 포화액의 상대값, v'', h'', s'', u'': 건포화 증기의 상태값)

⑳ 증발 잠열(잠열)

$$\gamma = h'' - h' = (u'' - u') + P(u'' - u')$$

㉑ 고위 발열량

$$H_h = 8,100\,\mathrm{C} + 34,000\left(\mathrm{H} - \frac{\mathrm{O}}{8}\right) + 2,500\,\mathrm{S}$$

㉒ 저위 발열량

$$H_c = 8,100\,\mathrm{C} - 29,000\left(\mathrm{H} - \frac{\mathrm{O}}{8}\right) + 2,500\,\mathrm{S} - 600W = H_h - 600(9\mathrm{H} + W)$$

㉓ 노즐에서의 출구 속도

$$V_2 = \sqrt{2g(h_1 - h_2)} = \sqrt{h_1 - h_2}$$

❖ 상태 변화 관련 공식

변화	정적 변화	정압 변화	정온 변화	단열 변화	폴리트로픽 변화
p, v, T 관계	$v=C,$ $dv=0,$ $\dfrac{P_1}{T_1}=\dfrac{P_2}{T_2}$	$P=C,$ $dP=0,$ $\dfrac{v_1}{T_1}=\dfrac{v_2}{T_2}$	$T=C,$ $dT=0,$ $Pv=P_1v_1$ $=P_2v_2$	$Pv^k=c,$ $\dfrac{T_2}{T_1}=\left(\dfrac{v_1}{v_2}\right)^{k-1}$ $=\left(\dfrac{P_2}{P_1}\right)^{\frac{k-1}{k}}$	$Pv^n=c,$ $\dfrac{T_2}{T_1}=\left(\dfrac{v_1}{v_2}\right)^{n-1}$
(절대일) 외부에 하는 일 $_1\omega_2$ $=\displaystyle\int pdv$	0	$P(v_2-v_1)$ $=R(T_2-T_1)$	$P_1v_1\ln\dfrac{v_2}{v_1}$ $=P_1v_1\ln\dfrac{P_1}{P_2}$ $=RT\ln\dfrac{v_2}{v_1}$ $=RT\ln\dfrac{P_1}{P_2}$	$\dfrac{1}{k-1}(P_1v_1-P_2v_2)$ $=\dfrac{RT_1}{k-1}\left(1-\dfrac{T_2}{T_1}\right)$ $=\dfrac{RT_1}{k-1}$ $\left[\left(1-\dfrac{v_1}{v_2}\right)^{k-1}\right]$ $=C_v(T_1-T_2)$	$\dfrac{1}{n-1}(P_1v_1-P_2v_2)$ $=\dfrac{P_1v_1}{n-1}\left(1-\dfrac{T_2}{T_1}\right)$ $=\dfrac{R}{n-1}(T_1-T_2)$
공업일 (압축일) $\omega_1=$ $-\displaystyle\int vdp$	$v(P_1-P_2)$ $=R(T_1-T_2)$	0	ω_{12}	$k_1\omega_2$	$n_1\omega_2$
내부 에너지의 변화 u_2-u_1	$C_v(T_2-T_1)$ $=\dfrac{R}{k-1}(T_2-T_1)$ $=\dfrac{v}{k-1}(P_2-P_1)$	$C_v(T_2-T_1)$ $=\dfrac{P}{k-1}(v_2-v_1)$	0	$C_v(T_2-T_1)$ $=-_1W_2$	$-\dfrac{(n-1)}{k-1}\,_1W_2$
엔탈피의 변화 h_2-h_1	$C_p(T_2-T_1)$ $=\dfrac{kR}{k-1}(T_2-T_1)$ $=\dfrac{kv}{k-1}(P_2-P_1)$ $=k(u_2-u_1)$	$C_p(T_2-T_1)$ $=\dfrac{kR}{k-1}(T_2-T_1)$ $=\dfrac{kv}{k-1}(P_2-P_1)$	0	$C_p(T_2-T_1)$ $=-W_t$ $=-k_1W_2$ $=k(u_2-u_1)$	$-\dfrac{(n-1)}{k-1}\,_1W_2$
외부에서 얻은 열 $_1q_2$	u_2-u_1	h_2-h_1	$_1W_2-W_t$	0	$C_n(T_2-T_1)$
n	∞	0	1	k	$-\infty$에서 $+\infty$

변화	정적 변화	정압 변화	정온 변화	단열 변화	폴리트로픽 변화
비열 C	C_v	C_p	∞	0	$C_n = C_v \dfrac{n-k}{n-1}$
엔트로피의 변화 $s_2 - s_1$	$C_v \ln \dfrac{T_2}{T_1}$ $= C_v \ln \dfrac{P_2}{P_1}$	$C_p \ln \dfrac{T_2}{T_1}$ $= C_p \ln \dfrac{v_2}{v_1}$	$R \ln \dfrac{v_2}{v_1}$	0	$C_n \ln \dfrac{T_2}{T_1}$ $= C_v \dfrac{n-k}{n} \ln \dfrac{P_2}{P_1}$

❖ 열역학 사이클

1. 카르노 사이클 = 가역 이상 열기관 사이클

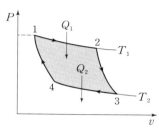
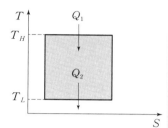

카르노 사이클의 효율

$$\eta_c = \frac{W_a}{Q_H} = \frac{Q_H - Q_L}{Q_H}$$

$$= \frac{T_H - T_L}{T_H} = 1 - \frac{T_L}{T_H}$$

2. 랭킨 사이클 = 증기 원동소 사이클의 기본 사이클

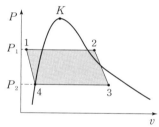
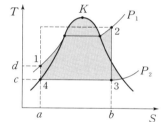

랭킨 사이클의 효율

$$\eta_R = \frac{W_a}{Q_H} = \frac{W_T - W_P}{Q_H}$$

터빈일 $W_T = h_2 - h_3$

펌프일 $W_P = h_1 - h_4$

보일러 공급 열량 $Q_H = h_2 - h_1$

3. 재열 사이클

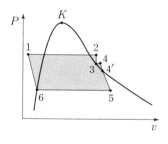
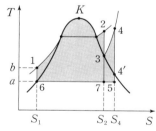

재열 사이클의 효율

$$\eta_R = \frac{W_a}{Q_H + Q_R} = \frac{W_{T_1} + W_{T_2} - W_P}{Q_H + Q_R}$$

터빈1의 일 $= h_2 - h_3$

터빈2의 일 $= h_4 - h_5$

펌프의 일 $= h_1 - h_6$

보일러 공급 열량 $Q_H = h_2 - h_1$

재열기 공급 열량 $Q_R = h_4 - h_3$

4. 오토 사이클 = 정적 사이클 = 가솔린 기관의 기본 사이클

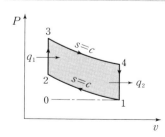
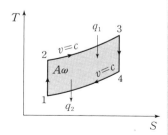

$$\eta_O = \frac{q_1 - q_2}{q_1} = 1 - \frac{q_2}{q_1}$$

$$= 1 - \frac{C_v(T_4 - T_1)}{C_v(T_3 - T_2)}$$

$$= 1 - \left(\frac{1}{\varepsilon}\right)^{k-1}$$

압축비 $\varepsilon = \dfrac{\text{실린더 체적}}{\text{연료실 체적}}$

5. 디젤 사이클 = 정압 사이클 = 저중속 디젤 기관의 기본 사이클

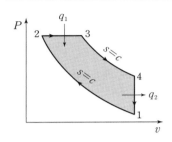
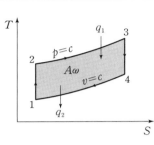

$$\eta_O = \frac{q_1 - q_2}{q_1} = 1 - \frac{q_2}{q_1}$$

$$= 1 - \frac{C_v(T_4 - T_1)}{C_P(T_3 - T_2)}$$

$$= 1 - \left(\frac{1}{\varepsilon}\right)^{k-1} \frac{\sigma^k - 1}{k(\sigma - 1)}$$

체절비 $\sigma = \dfrac{V_3}{V_2}$

6. 사바테 사이클 = 복합 사이클 = 고속 디젤 사이클의 기본 사이클

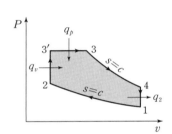
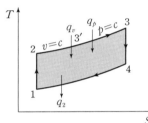

사바테 사이클의 효율

$$\eta_S = \frac{q_p + q_v - q_v}{q_p + q_v}$$

$$= 1 - \frac{q_v}{q_p + q_v}$$

$$= 1 - \frac{C_v(T_4 - T_1)}{C_P(T_3 - T'_3) + C_V(T'_3 - T_2)}$$

$$= 1 - \left(\frac{1}{\varepsilon}\right)^{k-1} \frac{\rho\sigma^k - 1}{(\rho - 1) + k\rho(\sigma - 1)}$$

7. 브레이튼 사이클 = 가스 터빈의 기본 사이클

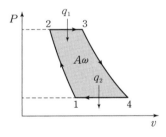
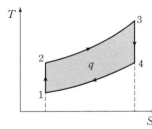

$$\eta_B = \frac{q_1 - q_2}{q_1}$$

$$= \frac{C_P(T_3 - T_2) - C_P(T_4 - T_1)}{C_P(T_3 - T_2)}$$

$$= 1 - \left(\frac{1}{\rho}\right)^{\frac{k-1}{k}}$$

압력 상승비 $\rho = \dfrac{P_{max}}{P_{min}}$

8. 증기 냉동 사이클

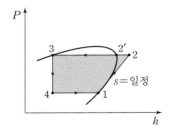
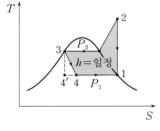

$$\eta_R = \frac{Q_L}{W_a} = \frac{Q_L}{Q_H - Q_L}$$

$$= \frac{(h_1 - h_4)}{(h_2 - h_3) - (h_1 - h_4)}$$

(Q_L: 저열원에서 흡수한 열량)

냉동 능력 $1\,\mathrm{RT} = 3.86\,\mathrm{kW}$

③ 유체역학 공식

① 뉴턴의 운동 방정식

$$F = ma = m\frac{dv}{dt} = \rho Q v$$

② 비체적(v)

단위 질량당 체적 $v = \dfrac{V}{M} = \dfrac{1}{\rho}$

단위 중량당 체적 $v = \dfrac{V}{W} = \dfrac{1}{\gamma}$

③ 밀도(ρ), 비중량(γ)

밀도 $\rho = \dfrac{M(\text{질량})}{V(\text{체적})}$

비중량 $\gamma = \dfrac{W(\text{무게})}{V(\text{체적})}$

④ 비중(S)

$$S = \frac{\gamma}{\gamma_\omega}, \quad \gamma_\omega = \frac{1,000 \text{ kgf}}{\text{m}^3} = \frac{9,800 \text{ N}}{\text{m}^3}$$

⑤ 뉴턴의 점성 법칙

$$F = \mu\frac{uA}{h}, \quad \frac{F}{A} = \tau = \mu\frac{du}{dy} \ (u: \text{속도}, \ \mu: \text{점성 계수})$$

⑥ 점성계수(μ)

$$1\text{Poise} = \frac{1 \text{ dyne} \cdot \text{sec}}{\text{cm}^2} = \frac{1 \text{ g}}{\text{cm} \cdot \text{s}} = \frac{1}{10} \text{ Pa} \cdot \text{s}$$

⑦ 동점성계수(ν)

$$\nu = \frac{\mu}{\rho} \ (1 \text{ stoke} = 1 \text{ cm}^2/\text{s})$$

⑧ 체적 탄성 계수

$$K = \frac{\Delta p}{\dfrac{\Delta v}{v}} = \frac{\Delta p}{\dfrac{\Delta r}{r}} = \frac{1}{\beta} \ (\beta: \text{압축률})$$

⑨ 표면 장력

$$\sigma = \frac{\Delta P d}{4} \ (\Delta P: \text{압력 차이, } d: \text{직경})$$

⑩ 모세관 현상에 의한 액면 상승 높이

$$h = \frac{4\sigma \cos \beta}{\gamma d} \ (\sigma: \text{표면 장력, } \beta: \text{접촉각})$$

⑪ 정지 유체 내의 압력

$$P = \gamma h \ (\gamma: \text{유체의 비중량, } h: \text{유체의 깊이})$$

⑫ 파스칼의 원리

$$\frac{F_1}{A_1} = \frac{F_2}{A_2} \ (P_1 = P_2)$$

⑬ 압력의 종류

$$P_{abs} = P_O + P_G = P_O - P_V = P_O(1-x)$$
(x: 진공도, P_{abs}: 절대 압력, P_O: 국소 대기압, P_G: 게이지압, P_V: 진공압)

⑭ 압력의 단위

$$1\,\text{atm} = 760\,\text{mmHg} = 10.332\,\text{mAq} = 1.0332\,\text{kgf/cm}^2 = 101,325\,\text{Pa} = 1.0132\,\text{bar}$$

⑮ 경사면에 작용하는 유체의 전압력, 전압력이 작용하는 위치

$$F = \gamma \overline{H} A, \ y_F = \overline{y} + \frac{I_G}{A\overline{y}}$$

(γ: 비중량, H: 수문의 도심까지의 수심, $\overline{y}$: 수문의 도심까지의 거리, A: 수문의 면적)

⑯ 부력

$F_B = \gamma V$ (γ: 유체의 비중량, V: 잠겨진 유체의 체적)

⑰ 연직 등가속도 운동을 받을 때

$P_1 - P_2 = \gamma h \left(1 + \dfrac{a_y}{g} \right)$

⑱ 수평 등가속도 운동을 받을 때

$\tan \theta = \dfrac{a_x}{g}$

⑲ 등속 각속도 운동을 받을 때

$\Delta H = \dfrac{V_0^2}{2g}$ (V_0: 바깥 부분의 원주 속도)

⑳ 유선의 방정식

$v = ui + vj + wk \qquad ds = dxi + dyj + dzk$

$v \times ds = 0 \qquad\qquad \dfrac{dx}{u} = \dfrac{dy}{u} = \dfrac{dz}{w}$

㉑ 체적 유량

$Q = A_1 V_1 = A_2 V_2$

㉒ 질량 유량

$\dot{M} = \rho A V = \text{Const}$ (ρ: 밀도, A: 단면적, V: 유속)

㉓ 중량 유량

$\dot{G} = \gamma A V = \text{Const}$ (γ: 비중량, A: 단면적, V: 유속)

㉔ 1차원 연속 방정식의 미분형

$\dfrac{d\rho}{\rho} + \dfrac{dv}{v} + \dfrac{dA}{A} = 0$ 또는 $d(\rho A V) = 0$

㉕ 3차원 연속 방정식

$$\frac{\partial u}{\partial x}+\frac{\partial v}{\partial y}+\frac{\partial w}{\partial z}=0$$

㉖ 오일러 방정식

$$\frac{dP}{\rho}+VdV+gdz=0$$

㉗ 베르누이 방정식

$$\frac{P}{\gamma}+\frac{v^2}{2g}+z=H$$

㉘ 높이 차가 H인 구멍 부분의 속도

$$v=\sqrt{2gH}$$

㉙ 피토 관을 이용한 유속 측정

$$v=\sqrt{2g\varDelta H}\ (\varDelta H\colon \text{피토관을 올라온 높이})$$

㉚ 피토 정압관을 이용한 유속 측정

$$V=\sqrt{2g\varDelta H\!\left(\frac{S_0-S}{S}\right)}\ (S_0\colon \text{액주계 내의 비중},\ S\colon \text{관 내의 비중})$$

㉛ 운동량 방정식

$$Fdt=m(V_2-V_1)\ (Fdt\colon \text{역적},\ mV\colon \text{운동량})$$

㉜ 수직 평판이 받는 힘

$$F_x=\rho Q(V-u)\ (V\colon \text{분류의 속도},\ u\colon \text{날개의 속도})$$

㉝ 고정 날개가 받는 힘

$$F_x=\rho QV(1-\cos\theta),\ F_y=-\rho QV\sin\theta$$

㉞ 이동 날개가 받는 힘

$$F_x = \rho QV(1 - \cos\theta), \ F_y = -\rho QV \sin\theta$$

㉟ 프로펠러 추력

$$F = \rho Q(V_4 - V_1) \ (V_4: \text{유출 속도}, \ V_1: \text{유입 속도})$$

㊱ 프로펠러의 효율

$$\eta = \frac{\text{출력}}{\text{입력}} = \frac{\rho QV_1}{\rho QV} = \frac{V_1}{V}$$

㊲ 프로펠러를 통과하는 평균 속도

$$V = \frac{V_4 + V_1}{2}$$

㊳ 탱크에 달려 있는 노즐에 의한 추진력

$$F = \rho QV = PAV^2 = \rho A2gh = 2Ah\gamma$$

㊴ 로켓 추진력

$$F = \rho QV$$

㊵ 제트 추진력

$$F = \rho_2 Q_2 V_2 - \rho_1 Q_1 V_1 = \dot{M}_2 V_2 - \dot{M}_1 V_1$$

㊶ 원관에서의 레이놀드 수

$$Re = \frac{\rho VD}{\mu} = \frac{VD}{\nu} \ (2{,}100 \ \text{이하: 층류, } 4{,}000 \ \text{이상: 난류})$$

㊷ 수평 원관에서의 층류 운동

유량 $Q = \dfrac{\varDelta P \pi D^4}{128\,\mu L}$ $(\varDelta P:$ 압력 강하, $\mu:$ 점성, $L:$ 길이, $D:$ 직경$)$

㊸ 층류 유동일 때의 경계층 두께

$$\delta = \frac{5x}{\sqrt{Re}}$$

㊹ 동압에 의한 항력

$$D = C_D \frac{\gamma V^2}{2g} A = C_D \times \frac{\rho V^2}{2} A$$ (C_D: 항력 계수)

㊺ 동압에 의한 양력

$$L = C_L \frac{\gamma V^2}{2g} A = C_L \times \frac{\rho V^2}{2} A$$ (C_L: 양력 계수)

㊻ 스토크 법칙에서의 항력

$D = 6R\mu V\pi$ (R: 구의 반지름, V: 속도, μ: 점성 계수)

㊼ 층류 유동에서의 관 마찰 계수

$$f = \frac{64}{Re}$$

㊽ 원형관 속의 손실 수두

$$H_L = f\frac{l}{d} \times \frac{V^2}{2g}$$ (f: 관 마찰 계수, l: 관의 길이, d: 관의 직경)

㊾ 수력 반경

$$R_h = \frac{A(\text{유동 단면적})}{P(\text{접수 길이})} = \frac{d}{4}$$

㊿ 비원형관에서의 손실 수두

$$H_L = f \times \frac{l}{4R_h} \times \frac{V^2}{2g}$$

(51) 버킹햄의 π정리

$\pi = n - m$ (π: 독립 무차원 수, n: 물리량 수, m: 기본 차수)

㉒ 최량수로 단면

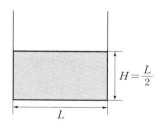 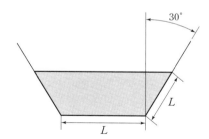

㉓ 부차적 손실 수두

돌연 확대관의 손실 수두 $H_L = \dfrac{(V_1 - V_2)^2}{2g}$

돌연 축소관의 손실 수두 $H_L = \dfrac{V_2^{\,2}}{2g}\left(\dfrac{1}{C_c} - 1\right)^2$

관 부속품의 손실 수두 $H_L = K\dfrac{V^2}{2g}$

(K: 관 부속품의 부차적 손실 계수, C_c: 수축 계수)

㉔ 음속

$a = \sqrt{kRT}$ (k: 비열비, R: 기체상수, T: 절대온도)

㉕ 마하각

$\sin\phi = \dfrac{1}{Ma}$ (Ma: 마하 수)

❖ 단위계

	구분	거리	질량	시간	힘	동력
절대 단위	MKS	m	kg	sec	N	$1\text{kW}=102\,\text{kgf}\cdot\text{m/s}$
	CGS	cm	g	sec	dyne	W
중력 단위계	공학 단위계	m cm mm	$\dfrac{1}{9.8}\,\text{kgf}\cdot\text{s}^2/\text{m}$	sec min	kgf	$1\,\text{PS}=75\,\text{kgf}\cdot\text{m/s}$

❖ 무차원 수

명칭	정의	물리적 의미	적용 범위
레이놀드 수	$Re=\dfrac{\rho VL}{\mu}$	$\dfrac{\text{관성력}}{\text{점성력}}$	• 점성이 고려되는 유동의 상사 법칙 • 관 속의 흐름, 비행기의 양력·항력, 잠수함
프라우드 수	$F_r=\dfrac{L}{\sqrt{Lg}}$	$\dfrac{\text{관성력}}{\text{중력}}$	• 자유 표면을 갖는 유동(댐) • 개수로 수면 위 배 조파 저항
웨버 수	$W_e=\dfrac{\rho LV^2}{\sigma}$	$\dfrac{\text{관성력}}{\text{표면장력}}$	표면장력에 관계되는 상사 법칙 적용
마하 수	$Ma=\dfrac{V}{C}$	$\dfrac{\text{속도}}{\text{음속}}$	풍동 문제, 유체 기체
코시 수	$Co=\dfrac{\rho V^2}{K}$	$\dfrac{\text{관성력}}{\text{탄성력}}$	—
오일러 수	$Eu=\dfrac{\varDelta P}{\rho V^2}$	$\dfrac{\text{압축력}}{\text{관성력}}$	압축력이 고려되는 유동의 상사 법칙
압력 계수	$P=\dfrac{\varDelta P}{\rho V^2/2}$	$\dfrac{\text{정압}}{\text{동압}}$	—

❖ 유체 계측

비중량 측정	비중병, 비중계, u자관
점성 측정	낙구식 점도계, 맥미첼 점도계, 스토머 점도계, 오스트발트 점도계, 세이볼트 점도계
정압 측정	피에조미터, 정압관
유속 측정	피트우트관－정압관 $V = C_v \sqrt{2gR\left(\dfrac{S_o}{S} - 1\right)}$ 시차 액주계, 열선 풍속계
유량 측정	벤츄리미터, 노즐, 오리피스, 로타미터 사각 위어 $Q = kH^{\frac{3}{2}}$ 삼각 위어 $= V$, 놋치 위어 $Q = kH^{\frac{5}{2}}$

저 자 소 개

장태용

- 공기업 기계직 전공필기 연구소
- 전, 서울교통공사 근무
- 전, 5대 발전사(한국중부발전) 근무
- 전, 서울시설공단 근무
- 공기업 기계직렬 시험에 직접 응시하여 최신 경향 파악

공기업 기계직 기계공학 필수문제

기계의 진리 02

2019. 11. 28. 초 판 1쇄 발행
2023. 3. 22. 초 판 5쇄 발행

지은이 | 공기업 기계직 전공필기 연구소 장태용
펴낸이 | 이종춘
펴낸곳 | BM (주)도서출판 성안당

주소 | 04032 서울시 마포구 양화로 127 첨단빌딩 3층(출판기획 R&D 센터)
10881 경기도 파주시 문발로 112 파주 출판 문화도시(제작 및 물류)

전화 | 02) 3142-0036
031) 950-6300
팩스 | 031) 955-0510
등록 | 1973. 2. 1. 제406-2005-000046호
출판사 홈페이지 | www.cyber.co.kr
ISBN | 978-89-315-3869-4 (13550)
정가 | 19,800원

이 책을 만든 사람들

기획 | 최옥현
진행 | 이희영
교정·교열 | 류지은
본문 디자인 | 신성기획
표지 디자인 | 박원석
홍보 | 김계향, 유미나, 이준영, 정단비
국제부 | 이선민, 조혜란
마케팅 | 구본철, 차정욱, 오영일, 나진호, 강호묵
마케팅 지원 | 장상범
제작 | 김유석